CAD/CAM/CAE 高手成长之路丛书

SOLIDWORKS Visualize 实例详解（微视频版）

严海军　刘红政　严泽雅　编著

本书将SOLIDWORKS Visualize的基本操作与实例操作相结合，全面介绍了该软件的操作方法与要点，并通过大量的图片直观地展示所讲解的功能要点，文字简明扼要、通俗易懂，读者可以将主要精力专注于软件操作上，而不是文字阅读。本书没有生涩难于理解的文字，即使没有美工基础的读者，也可以很容易地通过本书的介绍而熟练地使用该软件，而有美工基础的读者则可以利用专业知识对细节参数进行编辑调整，输出更为专业的渲染图片。

本书可作为企业工程技术人员、市场人员发布产品效果图的参考用书，也可作为学校工科专业创新展示、工业设计创意类作品展示的参考用书。

图书在版编目（CIP）数据

SOLIDWORKS Visualize 实例详解：微视频版 / 严海军，刘红政，严泽雅编著 . —北京：机械工业出版社，2018.10

（CAD/CAM/CAE 高手成长之路丛书）

ISBN 978-7-111-60945-2

Ⅰ . ① S⋯ Ⅱ . ①严⋯ ②刘⋯ ③严⋯ Ⅲ . ①计算机辅助设计－应用软件 Ⅳ . ① TP391.72

中国版本图书馆 CIP 数据核字（2018）第 217947 号

机械工业出版社（北京市百万庄大街 22 号 邮政编码 100037）
策划编辑：宋亚东 张雁茹 责任编辑：张雁茹 赵磊磊
责任校对：李 杉 责任印制：李 昂
北京瑞禾彩色印刷有限公司印刷
2018 年 11 月第 1 版第 1 次印刷
184mm × 260mm · 10.25 印张 · 257 千字
0 001—3 000 册
标准书号：ISBN 978-7-111-60945-2
定价：59.80 元

凡购本书，如有缺页、倒页、脱页，由本社发行部调换

电话服务	网络服务
服务咨询热线：010-88361066	机 工 官 网：www.cmpbook.com
读者购书热线：010-68326294	机 工 官 博：weibo.com/cmp1952
010-88379203	金 书 网：www.golden-book.com
封面无防伪标均为盗版	教育服务网：www.cmpedu.com

前　　言

随着三维软件在产品设计中越来越普及，大量的设计工作均通过三维软件来完成。一个新的产品设计是否达到客户预期效果、是否需要投产等，需要严谨的市场调研、合适的宣传等，而仅仅将一个三维模型用于这些场合显然是不够的，这就需要通过专业的渲染工具将设计模型转化为视觉效果图片。SOLIDWORKS Visualize 就是这样一个专业的渲染工具，其可以直接读取常用的三维设计模型，包括 SOLIDWORKS、CATIA、Rhino、Pro/E 等原生文件，以及大量中间格式的三维数据，使得软件具备良好的兼容性，并且打开三维数据后再通过专业的功能，可将模型转化为专业的图片或相应的动画。该软件的易用性使得任何人无需渲染基础就可以很好地掌握并操作该软件输出高质量的图片及动画，使得渲染不再是专业人士的专利。企事业单位里的设计人员、宣传人员、市场人员、客服人员均可胜任该工作，从而减少对专业人士的依赖，快速有效地生成所需的各类图片及动画。因此，SOLIDWORKS Visualize 逐渐成为制造业有力的支持软件，得到广大设计人员的一致好评。

本书主要由基本功能操作、HDR Light Studio 布光、相机与动画、渲染实例等几部分组成。基本功能操作部分介绍了软件的基本功能及各项相应参数的含义；HDR Light Studio 作为独立的专业布光软件是 SOLIDWORKS Visualize 重要的补充，所以本书单独列出一章进行讲解；相机与动画部分主要介绍了动画的制作及输出，可以满足实际工作中输出介绍类动画的需求；渲染实例部分通过三个实例将基本功能贯穿在一起，起到巩固基本操作、熟悉渲染流程的作用，大部分实际渲染过程均可参考实例的操作过程，读者在学习完本书后可以独立操作 SOLIDWORKS Visualize 完成渲染。

本书由严海军、刘红政、严泽雅编著。在本书写作过程中借鉴了部分网络资源，同时得到了多位同行的支持与帮助，在此一并致谢。由于写作匆忙，书中难免有疏漏之处，望广大读者不吝指教。

编　者

目　录

第1章 SOLIDWORKS Visualize 基本介绍

学习目标

1. 了解 SOLIDWORKS Visualize 的基本概念。
2. 熟悉软件界面布局。
3. 熟悉软件基本操作。

1.1 软件介绍

SOLIDWORKS 家族的 2016 版本增加了一位新的成员——SOLIDWORKS Visualize。SOLIDWORKS Visualize 是一套结合了行业领先的渲染功能和面向可视化设计功能及工作流程的独立软件工具，可轻松快速地创建能够传达设计者愿景、热情和情感的视觉内容。其快速逼真的渲染能力，能够让工程师快速、轻松地创建专业照片级质量的图像及动画。SOLIDWORKS Visualize 的手表渲染效果如图 1-1 所示。

图 1-1　SOLIDWORKS Visualize 的手表渲染效果

SOLIDWORKS Visualize 原名为 Bunkspeed，在 2013 年被达索集团收购。SOLIDWORKS Visualize 应用领域涵盖航空航天、工程应用、产品包装、产品设计等，即便是光泽相当复杂的珠宝，SOLIDWORKS Visualize 也能够展现出完美的设计效果。SOLIDWORKS Visualize 跟一般 3D 渲染软件相比，最大的不同在于其可以通过 CPU 与显卡的 GPU 协同处理，达到最佳的设计效果，其对系统需求也很低，用户不必另外升级计算机设备。

SOLIDWORKS Visualize 可准确模拟真实照明和高级材料，同时可调整渲染性能以满足最高要求；轻松添加动作、创建 360° 旋转或制作相机、材料、模型甚至太阳的动画，而且可以实时显示更改，以最大程度上提高灵活性和效率。由于 SOLIDWORKS Visualize 直接与 SOLIDWORKS 连接，因此可以使用"实时 CAD 更新"功能自动更新模型，以实现真正无缝的工作流程并提供动态工作所需的灵活性，在 SOLIDWORKS Visualize 中可以通过照相机对 3D 模型各个角度进行细节描写，进行 360° 的特写，以创建具有说服力的、逼真的图像和动画。其特点如下：

1）简单应用，没有任何学习曲线。

2）准确模拟真实世界照明。

3）行业领先的 GPU（显卡）支持，获得超快的渲染速度。

4）提供与照片无异的高质量图像。

5）通过多个视口呈现并比较不同的设计解决方案。

6）通过可自定义的相机滤镜释放创造力。

SOLIDWORKS Visualize 可以帮助使用 SOLIDWORKS 的客户在各个行业加以应用，设计人员能够快速、轻松、有趣地体验 3D 渲染带来的快乐。简单、直观的界面为用户提供了可轻松渲染出照片品质内容的工具，从而使设计人员、工程师和内容创建者快速、轻松、有趣地享受增强的 3D 体验。汽车渲染效果如图 1-2 所示。

图 1-2　汽车渲染效果

1.2　实时渲染原理

SOLIDWORKS Visualize 是一种混合渲染环境。通过适用于所有可用 CPU、支持 CUDA 的 GPU 或使用混合模式的 CPU、GPU 的优化渲染器，该软件可不断更新布景。

射线跟踪是用于渲染 3D 布景的一项技术。射线跟踪可跟踪每束光线从光源开始直到离开布景或变得太弱而失去效果时的路径。它还适用于相反方式：跟踪每束光线从相机开始回溯到光源的路径。

渲染是指将存储于软件包中的 3D 数据转换为布景中相机"可视的"2D 图像的过程。渲染汇集了布景几何图形、Z 深度、表面属性、光源设置和渲染方法，以创建完整的图像。

不同于传统的 3D 应用程序，生成最终结果前无须猜测和检查。在 SOLIDWORKS Visualize 中，可在动画播放时与最终结果随时互动。

SOLIDWORKS Visualize 项目由环境球面组成，其中包括用于精确投影的透明地板平面和映射至球形环境的 HDR 环境图像。虽然额外光源可用，但是不需要进行进一步的光源设置。

如果使用 SOLIDWORKS Visualize Professional，可以选择使用 SOLIDWORKS Visualize Boost 在网络上计算机的集群上渲染图像。此操作可在后台进行计算机的渲染处理，因此可以在进行渲染的同时执行其他任务。

1.3 界面介绍

界面介绍

1.3.1 程序启动

SOLIDWORKS Visualize 是一个独立程序，可以不依赖于 SOLIDWORKS 而单独运行，单击桌面图标可以直接启动程序。也可以通过开始菜单里的快捷方式打开：选择“开始”→“SOLIDWORKS 2017”→“SOLIDWORKS Visualize 2017”。

1.3.2 首页介绍

在 Visualize 首页界面里，主要分为两大区域，分别是左侧的项目区域与右侧的辅助区域。首页界面如图 1-3 所示。

图 1-3 首页界面

可以在左侧项目区域“最近的项目”中找到最近打开过的项目并执行相应任务。可以查看最近打开的 SOLIDWORKS Visualize (*.svpj) 和 Bunkspeed (*.bif) 项目的缩略图，单击【打开】即可以打开计算机中的项目。打开项目界面如图 1-4 所示。

图 1-4 打开项目界面

如果需要查看该项目在哪个文件夹中，可以将鼠标移至该项目上，在项目下方会出现【在文件夹中显示】，单击后会出现图 1-5 所示的当前项目所处文件夹的界面，可进一步确认该项目是否是需要打开的项目。

图 1-5　选择项目

其右下角的“图钉”图标用以确定或取消将当前项目固定在首页屏幕上。

1.3.3　样本项目

“样本项目”中是 SOLIDWORKS Visualize 提供的范例项目，可以通过这些范例做入门练习。样本项目如图 1-6 所示。

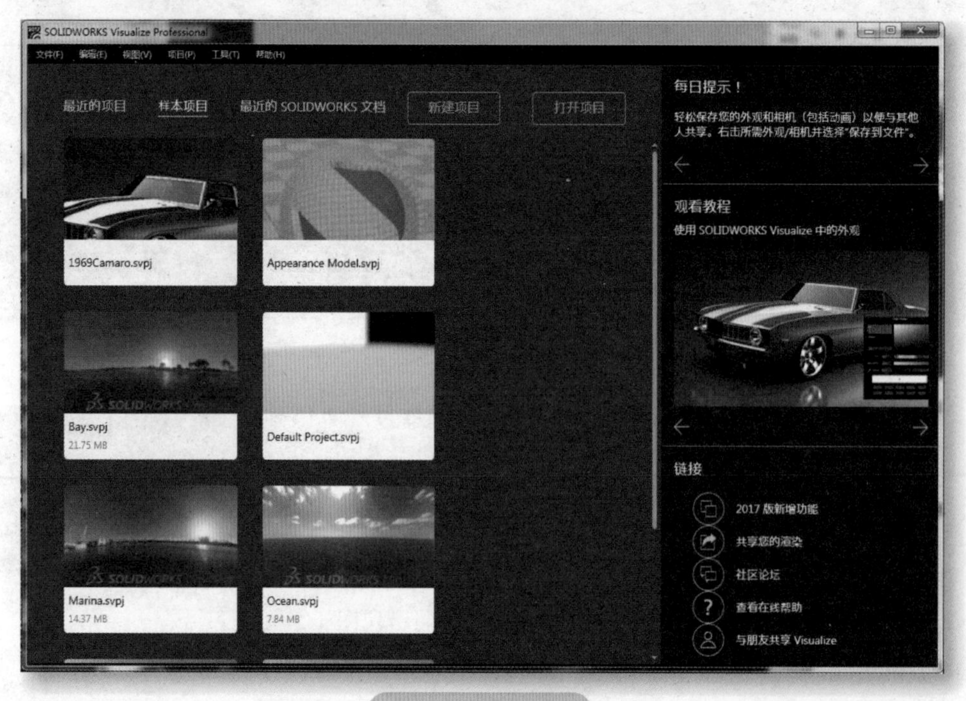

图 1-6　样本项目

1.3.4 辅助区域

首页界面上右侧的辅助面板区域中的各个提示、链接可以让您轻松阅读有用的提示，观看教程及找到进行操作的链接，比如在线帮助及进入社区论坛，在那里您可以分享并讨论渲染。辅助面板如图 1-7 所示。

图 1-7 辅助面板

1.3.5 项目编辑状态界面

SOLIDWORKS Visualize 具有两种风格的界面，“正常模式”的界面如图 1-8 所示。如果在“正常模式”界面状态下按一下空格键，界面就会切换为“简单模式”，如图 1-9 所示。在“简单模式”下，界面上只有屏幕下方的 5 个大按钮，这样界面更为简捷明了。

“简单模式”与“正常模式”可以通过空格键随时切换。

在这里主要介绍“正常模式”下的界面，在“正常模式”下，其主要功能体现在上方的工具条上，如图 1-10 所示。

1）【显示基本配置】——不管当前正在编辑的是哪一个配置，单击该按钮可返回到基本配置里。

2）【复制当前项目】——将当前配置复制一份，相当于复制功能。

图 1-8 项目编辑状态界面（正常模式）

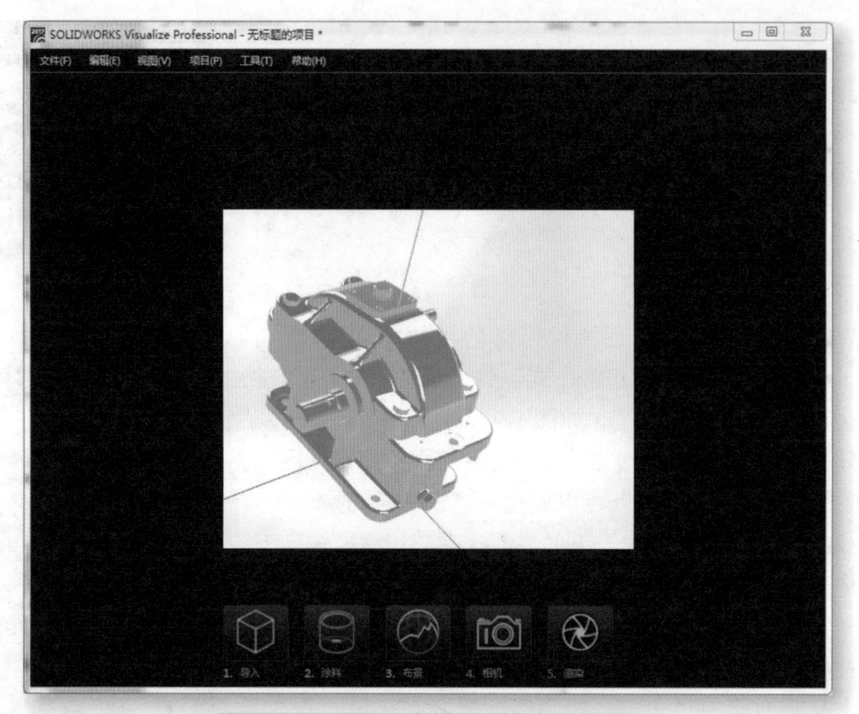

图 1-9　项目编辑状态界面（简单模式）

图 1-10　正常模式工具栏

3）【添加新项目】——类似于 SOLIDWORKS 的配置，在这里，可以对模型增加更多不同的设置分别保存，而不需要保存为多个文件。

4）【配置列表】——通过单击下拉箭头可以看到所有的配置，在这里可以非常方便地切换想要的配置。

5）【重命名当前项目】——对当前项目名称进行重新命名。

6）【锁定当前项目】——对当前配置进行锁定，防止无意的修改。

7）【渲染器选择】——下面还有子选项，这里不是渲染的选择，而是预览模式的选择，分为三种情况：预览、快、精确。顾名思义，预览是速度最快的，但是效果也最差。而精确效果是最好的，速度相应也是最慢的，需要根据计算机的显卡性能进行相应的选择。

8）【转盘】——可使用转盘为模型进行一系列渲染，可以显示模型绕其中心或全局原点旋转的效果。

9）【选择工具】——通过不同的选择方式选取想要选取的对象。

10）【对象操作工具】——显示转换操作器以允许对选择的对象进行移动、缩放或绕轴转动（旋转）等操作。

11）【相机工具】——设置与相机观察点相关的相机行为，也就是相机在布景中聚焦的点。该工具与 SOLIDWORKS 中的旋转、放大、移动等视向工具功能接近。

12）【输出工具】——通过输出设置对话框对当前项目进行输出前的设置，以输出符合预期的图片。

1.4 导入 3D 模型的方法

导入 3D 模型的方法

除了打开现有的项目或者样本项目外，更多的是新建项目，然后导入所需的模型进行编辑渲染。

单击“新建项目” 新建项目，系统将新建一个新的项目，空白项目如图 1-11 所示。

图 1-11 空白项目

可以导入多种格式的 3D 模型，包括 SOLIDWORKS、CATIA、NX、Pro/E、Inventor、Rhino、X_T、STL、STEP 等。

导入模型有三种操作方法：

1）单击【文件】/【导入】。

2）单击【项目】/【模型】/【导入模型】。

3）在界面右侧“模型” 选项卡下方空白区域单击鼠标右键，选择【导入】，或单击其下方的【导入模型】按钮。

这三种操作方法均会弹出图 1-12 所示的“导入”对话框，在其右下角选择当前需导入的模型格式，再选择模型，然后单击【打开】。

图 1-12 “导入”对话框

此时系统会弹出“导入设置”对话框，设置选项然后单击【确定】。注意，如果需保留原有模型的零件结构，一定要将“导入设置”对话框中“几何图形”项下的“零件分组”更改为“保留结构”，因为系统默认选项会将所有内容以面片形式整合成一个对象。“导入设置”对话框如图 1-13 所示。

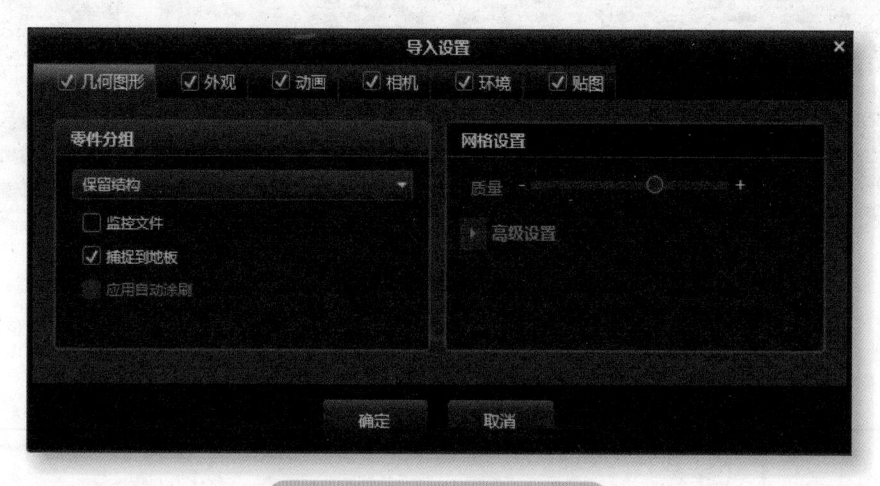

图 1-13 “导入设置”对话框

“导入设置”对话框中各主要选项说明见表 1-1。“导入设置”对话框中的选项是否可用与导入模型的类型有关。

当导入模型时，模型内的坐标位于模型空间（与模型原点相关），项目中的坐标位于项目空间（与布景中心的原点相关）。模型空间和项目空间的分隔保留同一项目中多个模型的相对大小。

表 1-1 “导入设置”对话框中各主要选项说明

选项卡	选项	可选内容	说明
几何图形	零件分组	自动	在图层 / 外观、外观 / 图层和外观之间使用最佳组合，以模拟产品在现实生活中的装配方式
		平展	忽略所有分组，然后导入单个零件
		组 / 外观	保留 .wire 文件内的组层次结构，根据外观、颜色和分配的外观细分组项目
		图层	根据 CAD 包内分配表面至图层导入，忽略任何外观、颜色和分配的外观。所有指派至 CAD 文件每一图层的曲面均作为单一零件导入
		图层 / 外观	首先支持图层，其次是外观
		外观	根据 CAD 包内分配表面相同外观和颜色进行导入，忽略任何分组或图层。所有分配相同外观和颜色的表面导入为单个零件，并且 CAD 文件中的每个图层都拥有一个零件
		外观 / 图层	首先支持外观，其次是图层
		保留结构	保留 CAD 包中装配体（模型）的原始结构（层次结构）
		监控文件	在 3D 软件中更新和保存原始文件时自动更新模型。软件会在外部更新模型时提醒您，可接受或忽略此更改。此功能在设计没有最终完成就开始渲染时尤其重要
		捕捉到地板	将模型的最低点自动捕捉到 Visualize 布景的地板
		应用自动涂刷	基于零件或模型的命名模式应用自动涂刷（也就是说，软件将分配外观）
	网格设置	质量	当转换模型为多边形时确定结果的准确性。质量越高，越多的多边形可用于呈现模型中的曲面和更光滑的结果。高网格质量会影响文件大小
		高级设置	允许微调模型网格化的方式（转换为多边形）。选项有： 1. 公差。在多边形边线和 NURBS 表面之间定义最大距离。使用低值创建高品质网格。低公差值生成大量多边形 2. 最大长度。定义多边形边线的最大长度。为平展曲面的更密网格使用更低值 3. 最大角度。定义相邻多边形法线之间的最大角度。为防止小凹凸消失使用更低值
外观	纹理选项	忽略纹理参考	忽略源模型中所有与外观关联的纹理
		自动搜索缺少的纹理	在源模型中利用外观搜索缺少的纹理
		手动搜索缺少的纹理	允许在源模型中指定该软件搜索外观参考的纹理位置
	纹理自动搜索路径	添加路径	单击【添加路径】以指定纹理搜索位置
		移除路径	单击【移除路径】以移除纹理搜索位置
动画			启用时将导入原有包含的动画内容
相机			默认情况下，如有可能，导入源文件中的所有相机。要忽略相机，请清除相机选项卡
环境			启用时，该软件导入与模型一起存储的布境 清除复选框以防止导入存储的布境
贴图			启用时，该软件导入与模型一起存储的贴图 清除复选框以防止导入存储的贴图

另外，当将项目从任何受支持的文件导入到 Visualize 时，布景将自动缩放，以适合导入的模型。

可以在 3D 软件中更新和保存原始文件时，将选项设置为自动更新模型。如果设置该选项，应用程序会在外部更新模型时进行提醒，此时可接受或忽略此更改。要设置该选项，请在“导入设置”对话框中“几何图形”选项卡的常规部分选择“监控文件”。

针对 SOLIDWORKS，SOLIDWORKS Visualize 提供了插件，允许直接导出 SOLIDWORKS 模型到 SOLIDWORKS Visualize 中。要启用 SOLIDWORKS 中的插件，可单击【工具】/【插件】，然后在“插件”对话框中选择 SOLIDWORKS Visualize。该插件具有四个功能，如图 1-14 所示。

图 1-14　插件功能

- 【简单导出】——保存活动模型副本并使用外观模式零件分组，将其加载至 SOLIDWORKS Visualize。
- 【高级导出】——保存活动模型副本并启用自动模式零件分组和监控文件，将其加载至 SOLIDWORKS Visualize。如果拥有 Visualize Professional，还允许上传运动算例。
- 【更新】——可导出最新版本的活动模型并在 Visualize 中触发更新。此按钮以灰色显示，直到第一次单击【高级导出】。
- 【高级保存】——将模型副本和运动算例保存至指定的位置，稍后可以将模型导入 SOLIDWORKS Visualize。

3D 模型的基本操作方式

1.5　3D 模型的基本操作方式

1.5.1　通过模型树进行操作

在屏幕右侧的模型对象选项卡上，选择模型树中的模型。应确保选择整个模型，而非单个零件或根节点。此时在模型树下会出现图 1-15 所示的“模型面板参数”对话框。

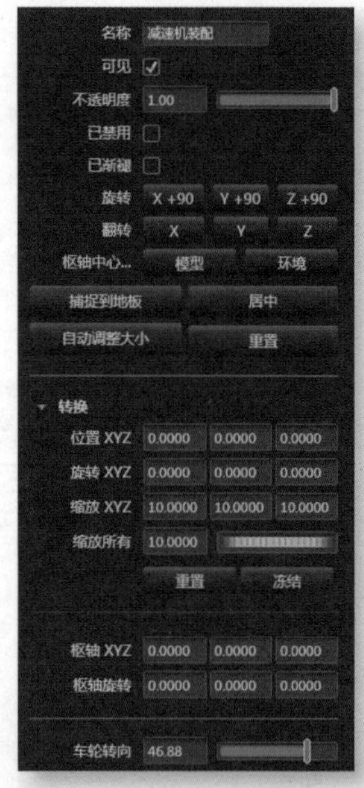

图 1-15　模型面板参数

- 【旋转】——绕选定轴将模型旋转 90°，直接单击就可以，软件以系统的坐标系进行相应的旋转。
- 【翻转】——通过选定轴对模型进行镜像操作。
- 【枢轴中心 ...】——调整选定模型的枢轴点至选定模型边界框的中心（单击【模型】）或全局中心 (0,0,0)（单击【环境】）。
- 【捕捉到地板】——沿竖直轴移动模型直到模型原点与全局原点垂直对齐。
- 【居中】——沿水平轴自动移动模型直到模型枢轴点与全局原点 (0,0,0) 对齐。
- 【自动调整大小】——自动重新调整模型大小以匹配【工具】/【选项】/【导入】自动调整大小选项中的边界框。默认值为最小值 $2.5m^3$，最大值为 $25m^3$。触发这一按钮会断开与模型原始单位和缩放的任何关系。
- 【重置】——使所有转换重置。
- 【位置 XYZ】——沿选定轴移动模型（从左到右：X、Y、Z）。

例如，设置 X 到 5，使模型沿项目坐标系的 X 轴移动 5 个单位。

- 【旋转 XYZ】——绕选定轴旋转模型（从左到右：X、Y、Z）。例如，设置 Y 到 90，使模型绕项目坐标系的 Y 轴旋转 90°。
- 【缩放 XYZ】——不相等变形模型。如果使用 (X, Y, Z) 字段的不同值，则模型沿每个轴的缩放为不同量。
- 【缩放所有】——如果更改值为 1 以外的其他值，则会适当缩放模型。例如，2 使模型大小加倍，而 0.5 使模型大小减半。
- 【枢轴 XYZ】——通过指定距离沿选定轴（X、Y 或 Z）移动模型枢轴点。
- 【枢轴旋转】——以度为单位绕每个轴（X、Y 或 Z）设置模型的本地旋转行为。

1.5.2 通过对象操作工具进行操作

可以利用对象操作工具以可视方式转换模型。这种操作方式转换更加迅速，但不如在调色板中进行转换精确。

首先选择工具栏中的【对象操作工具】，在其子选项中选择所需的对应功能，分别是【移动（旋转）】、【缩放】、【枢轴】。

可借助表 1-2 来使用对象操作工具。注意，在选择对象时为减少选择失误，最好基于模型结构树进行选择。

表 1-2 对象操作工具

操作	转换操作器	说明
移动模型		选择方向轴拖动，模型沿此轴移动。按住黄色正方形框可进行空间自由移动 还可以右键单击黄色框，拖住并移动所选模型至另一模型。两个模型的枢轴点将固定在一起 移动模型的同时按【Shift】键，模型将以全局中的单位网格距离为单位进行移动
旋转模型		选择绕轴的圆圈拖动，模型将围绕该轴旋转 拖动圆圈的同时按【Shift】键，以 15° 增量旋转模型
缩放模型		选择轴拖动并沿此轴缩放模型，此时的缩放是单方向的。使用中间黄色正方形框进行缩放时，可对模型进行整体均匀缩放 缩放的同时按【Shift】键，其缩放比例将按 0.25 倍增量进行缩放
移动模型的枢轴点		选择轴拖动并沿此轴移动枢轴。使用中间黄色圆点可进行自由移动 按【Shift】键将在对应方向以 0.25m 为单位进行移动。按【Ctrl】键以将枢轴点对齐至边界框边角、边线、边线中点或中心 这里允许将枢轴点对齐至圆形模型、分组或零件的中心 在此模式下模型不作变动，变动的是枢轴

第2章 渲染模式入门

2

学习目标

1. 了解渲染的基本操作流程。
2. 熟悉模型的操作与控制。
3. 熟悉渲染的基本要素。

2.1 渲染前的准备工作

在使用 SOLIDWORKS Visualize 进行渲染之前有以下几点需要考虑：

1）模型准备：渲染前检查需渲染的模型。虽然软件支持自动更新，但对于面的贴图、材质赋予等属性，如果模型更改后该面不存在了，那对前面的工作来说也是一种损失。所以需要保证被渲染模型的正确性，尤其是曲面多的模型不要出现破损面现象，可通过三维软件做相应的检查。

2）渲染风格确认：在渲染前确认风格有利于对素材的准备，了解模型需要渲染的材质、颜色等。

2.2 渲染的制作思路

渲染的制作思路

2.2.1 导入模型

打开 SOLIDWORKS Visualize，选择【新建项目】创建一个新的项目，如图 2-1 所示，系统弹出新的项目环境，如图 2-2 所示。

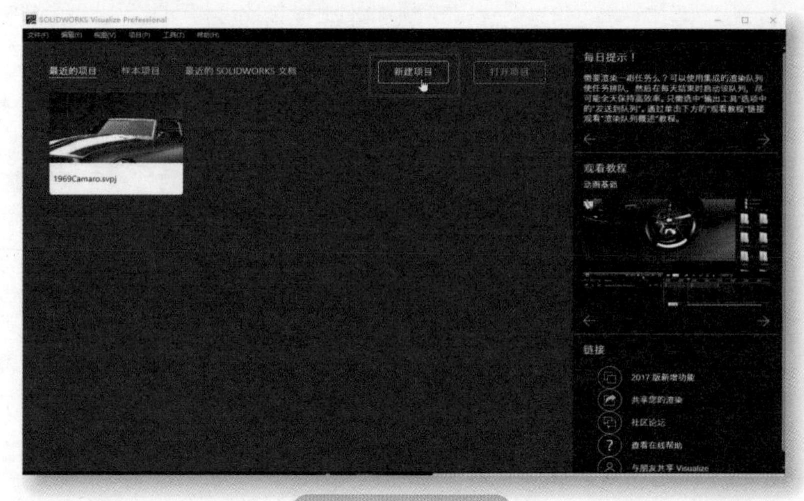

图 2-1 新建项目

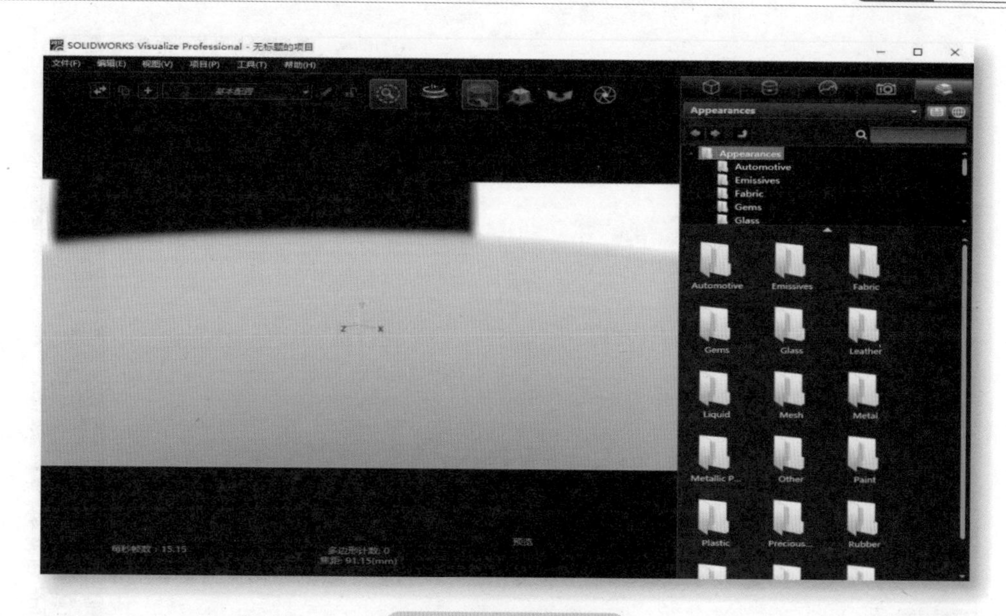

图 2-2　新项目环境

在右侧“模型”选项卡下方空白处单击鼠标右键，单击【导入】，如图 2-3 所示。

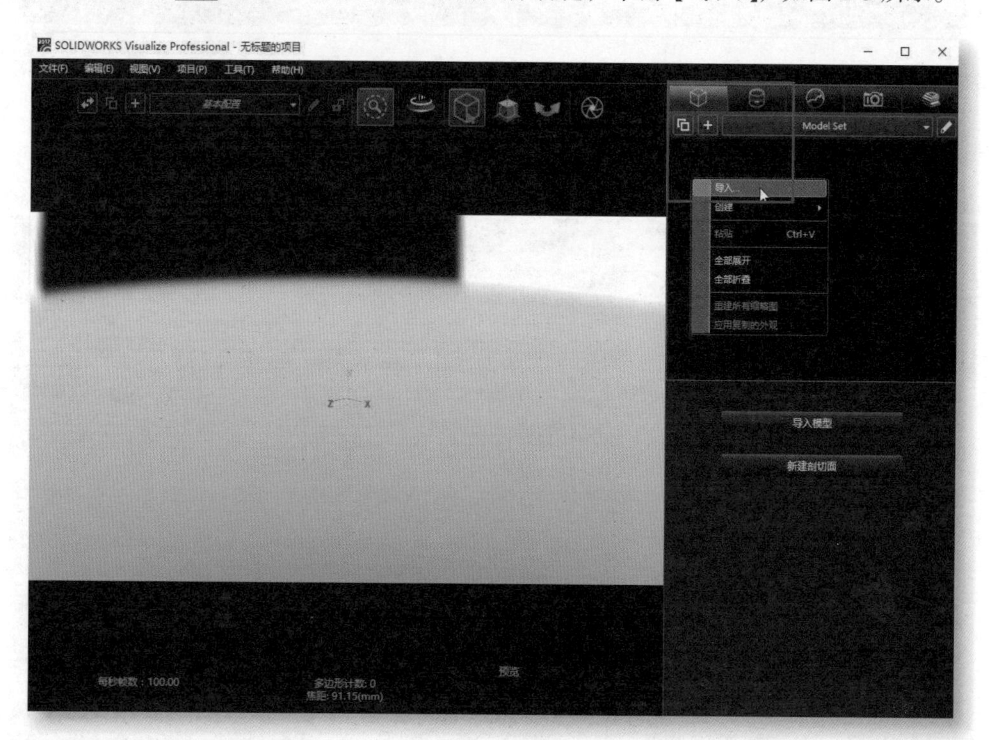

图 2-3　导入

在弹出的“导入”对话框中找到所需导入的模型，必须是 SOLIDWORKS Visualize 所支持的格式，如果不是 SOLIDWORKS Visualize 所支持的格式，可通过其他软件将其转换成所支持的格式后再导入。通过右下角的下拉列表查看所支持的格式，零件、装配体均可，选中后单击【打开】，如图 2-4 所示。

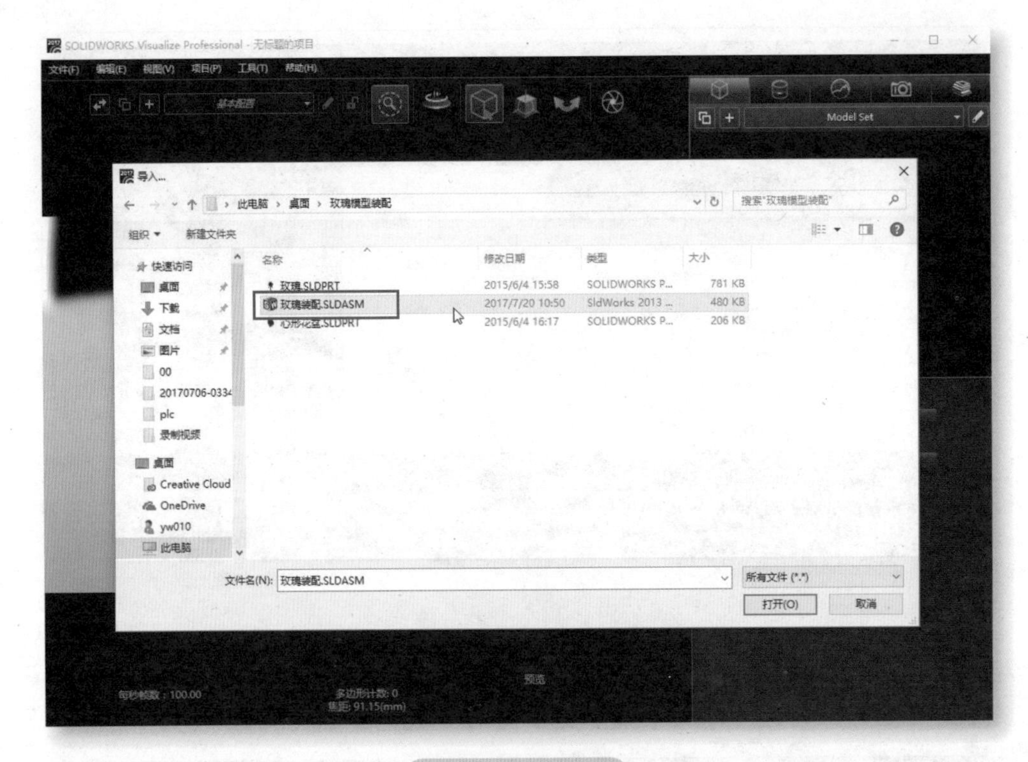

图 2-4　打开模型

在此不对导入设置做修改，接受默认选项，直接单击下方的【确定】，如图 2-5 所示。

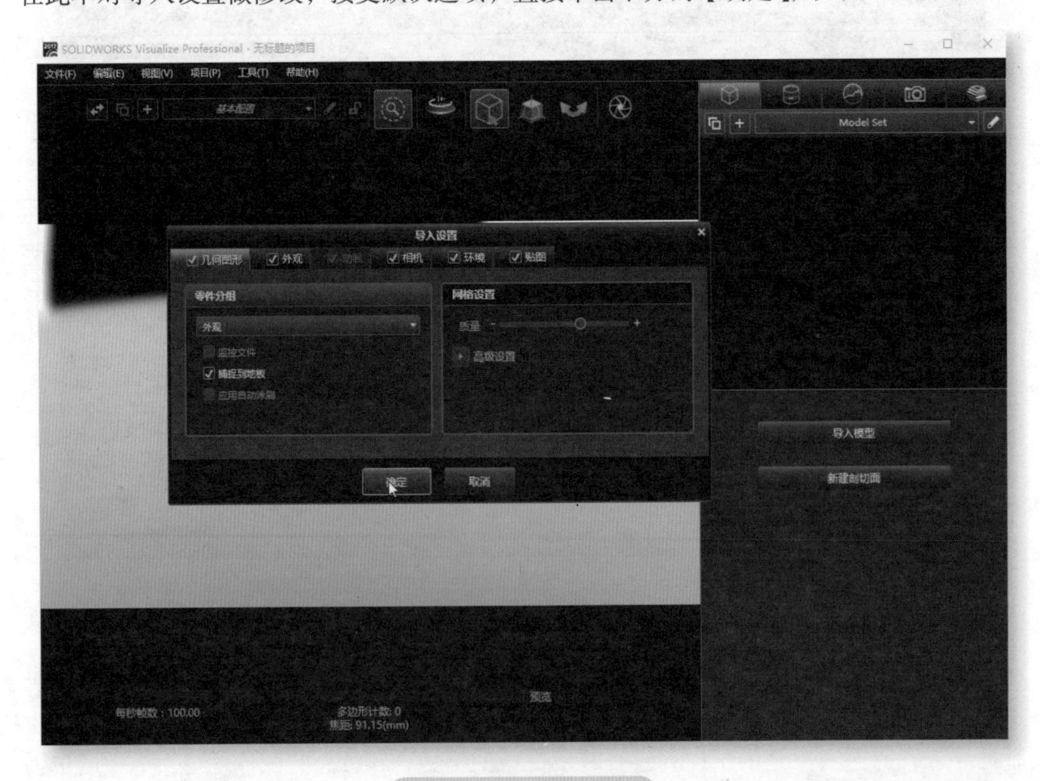

图 2-5　接受默认选项

导入时可通过右上角的进度条查看导入进度，导入模型后会在工作区显示导入的模型，如图 2-6 所示。

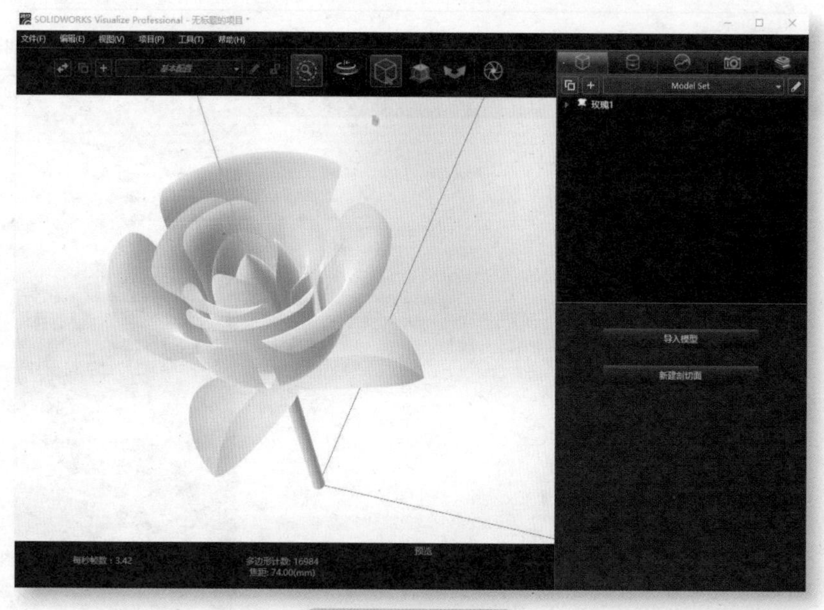

图 2-6　模型显示

2.2.2　设置材质

单击右侧“文件库”，文件库主要包含了系统所带的材质、相机、环境等素材，如图 2-7 所示。素材分为两大部，一类是本地库，另一类是云库（网络资源），可以自由切换。在初学时可将各个库的内容逐一打开查阅，以了解系统包含哪些类型的素材，方便以后根据需要进行选择。

图 2-7　素材库

在此采用本地库资源，单击工具条 Appearances 右侧下拉箭头，选择库“Appearances”，如图 2-8 所示。

图 2-8 选择库类别

在下方的列表中找到子文件夹的“Paint”，找到所需要的材质，如图 2-9 所示。如果列表较长，可通过滚动鼠标中键或移动其右侧的滚动条进行翻页查看。

图 2-9 定位材质库

在此选用“Red Paint”材质，按住鼠标左键将所需材质拖拽至模型相对应的花瓣部分，注意每个花瓣均需单独赋予，如图 2-10 所示。

图 2-10　赋予材质（1）

接下来选用“Green Paint”材质，用同样的方法将其拖拽至模型相对应的叶片部分，如图 2-11 所示。

图 2-11　赋予材质（2）

2.2.3 设置环境布景

单击工具条 Appearances 右侧箭头，在下拉列表里选择“Environments”，系统列出布景列表，如图 2-12 所示。

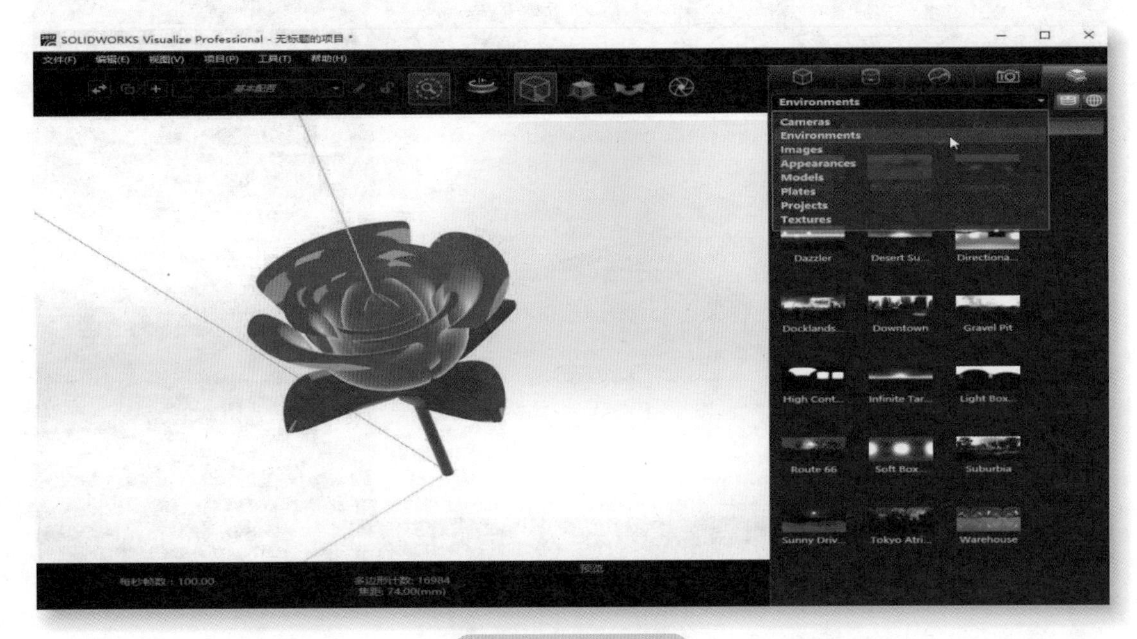

图 2-12　设置布景

选择合适的环境进行渲染，在此选择“Docklands Bridge”，按住鼠标左键将其拖拽到工作区空白处，如图 2-13 所示。其预览效果如图 2-14 所示。

图 2-13　选择环境

图 2-14　添加环境后的预览效果

如果环境大小、明暗度等不合适，可以在工作区域模型外的任一位置单击右键，选择【环境特性】(见图 2-15)，系统将弹出“环境”对话框，在该对话框中可以对环境参数按需要进行调整，如图 2-16 所示。

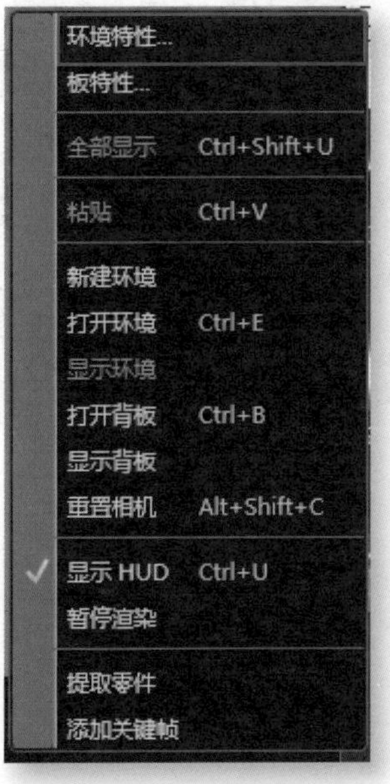

图 2-15　环境特性

图 2-16　环境参数调整

2.2.4 设置相机

单击右侧“相机”图标，用以调整相机参数，包括相机位置、后处理、景深、光晕等参数均可在此设置，如图 2-17 所示。也可以根据需要设置多个相机，在后面章节中会详细介绍。

2.2.5 最终渲染

设置渲染输出参数，输出图片格式。

单击【输出工具】，在弹出的“输出工具”对话框中设置好输出文件名、输出文件夹、图像格式、分辨率等相关参数后（见图 2-18），单击【启动渲染】，系统将进行最终渲染，并将生成的图像保存在设定的文件夹中。

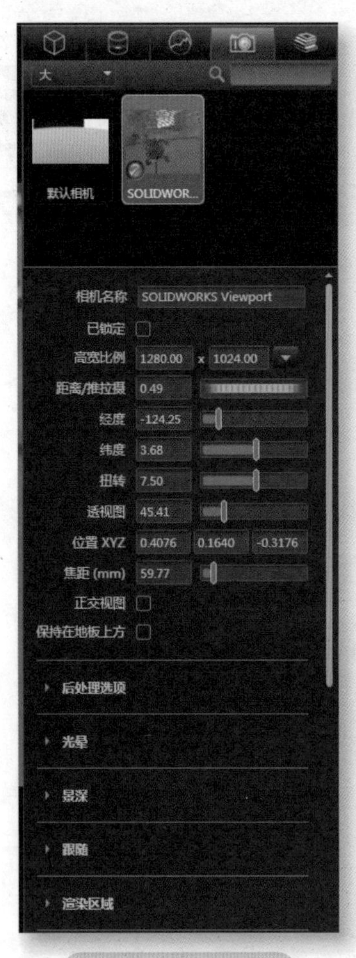

图 2-17 设置相机

图 2-18 设置渲染参数

2.3 模型的操作与控制

SOLIDWORKS Visualize 中对象操作工具主要分为三大类，即选择工具、对象操作工具、相机工具，分别对应着对象选择、位置变换、相机位移三类功能，其子功能如图 2-19 所示。

软件同时提供下列几种快捷方式：

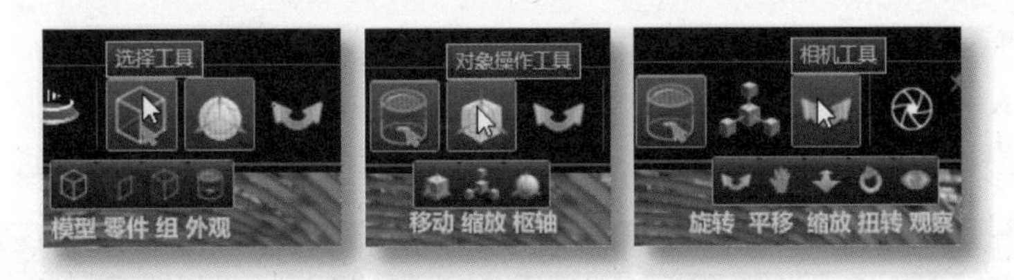

图 2-19　对象操作工具分类

- 按住中键：可旋转模型。
- 滚动中键：可放大、缩小模型。
- 【Ctrl】+ 中键：可移动模型。
- 【Shift】+ 左键 /【Shift】+ 右键：复制材质 / 粘贴材质。

渲染的基本功能要素

2.4　渲染的基本功能要素

1. 模型（设计树）

装配体模型导入后会保留相对应的装配结构树，可以找到对应的面、实体、零件、组、总装配体，方便对操作对象进行选择，如图 2-20 所示。

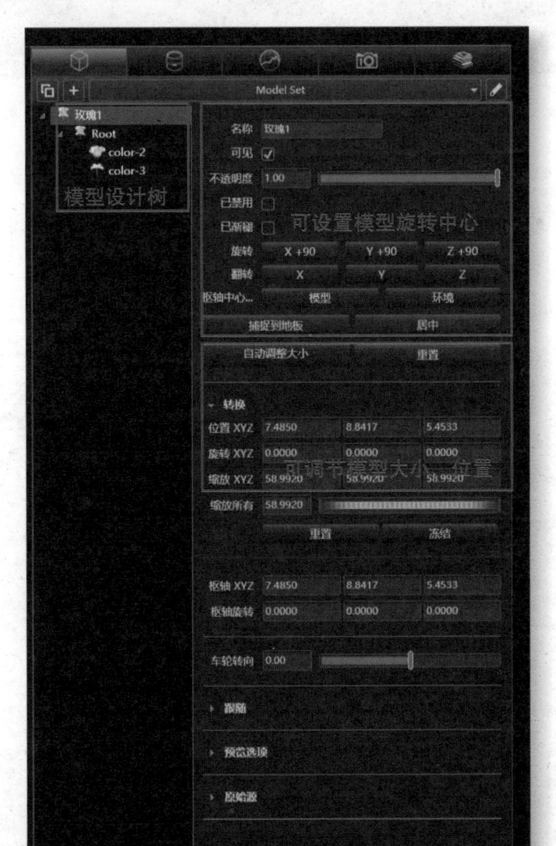

图 2-20　模型参数面板

2. 外观

SOLIDWORKS Visualize 外观参数面板中，可保留 SOLIDWORKS 模型中自带的外观，也可添加 Visualize 库中的外观，外观颜色、材质表面粗糙度等参数均在此进行编辑修改，如图 2-21 所示。

图 2-21　外观参数面板

3. 布景

布景中可包含多个布景，通过双击所需显示的布景切换为当前显示的布景。需要新布景时，可以在“文件库”中选择适合的环境拖拽至渲染界面中，可对大环境下的背景颜色、环境大小、角度、地面反射、地面阴影、地面强度等进行设置，也可在环境中添加光源，如图 2-22 所示。

图 2-22　布景参数面板

4. 相机

对相机不同视角、光晕效果、景深、透视图、运动模糊等进行设置，如图 2-23 所示。可通过【新建相机】添加多个相机。

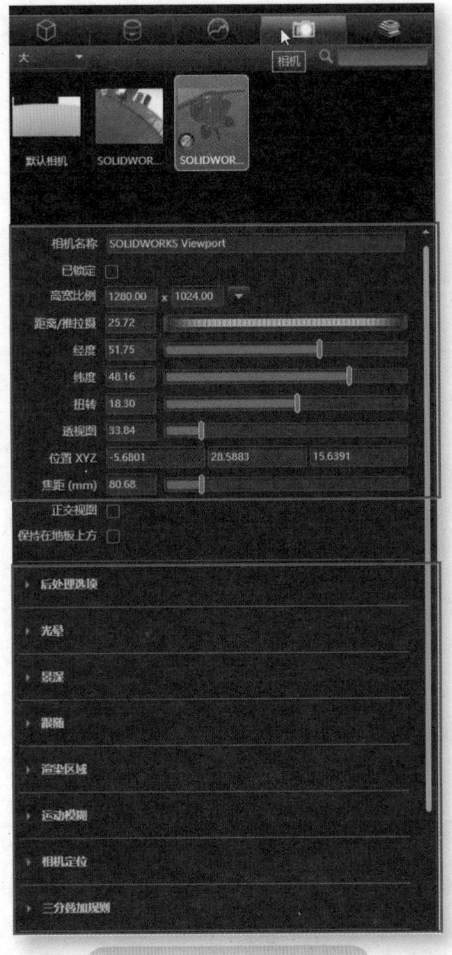

图 2-23　相机参数面板

5. 文件库

SOLIDWORKS Visualize 文件库中包括环境、材质、图片等渲染中所需要的各类常用资源，文件库包括本地库与云库，可根据需要进行选用，如图 2-24 所示。

图 2-24　文件库

第3章 材质

3

学习目标

1. 了解材质的特性。
2. 熟悉材质的获取方式。
3. 熟悉贴图的新建方法。

3.1 材质的构成

材质的构成

材质是渲染的基本要素，通过将不同的材质赋予模型，才能得到想要的各种效果，在 SOLIDWORKS Visualize 中，材质主要有三种来源，软件自带本地材质库、云材质库、自定义材质。

3.1.1 材质库

系统自带的“文件库” 中，包含较常见的材质库，通过选取“Appearances”来获取不同种类的材质。系统包含 18 类常见的材质，如图 3-1 所示。

图 3-1　本地材质库

3.1.2　材质的赋予

根据渲染需要在本地材质库中找到相对应的材质，通过鼠标将其拖拽到需要渲染的模型面上即可，如图 3-2、图 3-3 所示。

图 3-2　拖拽材质

图 3-3　赋予材质

3.2 外观

当对模型赋予了材质后，其材质会作为当前使用的材质保存到“外观”中，可以在“外观”列表中查看当前模型所有用到的材质类素材，如图 3-4 所示。

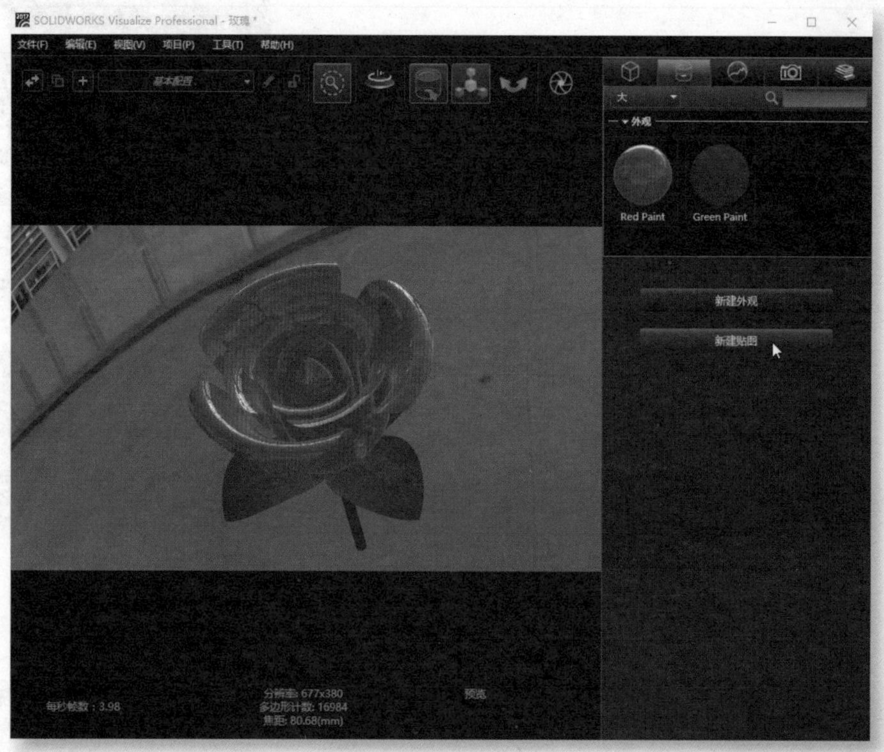

图 3-4 外观预览

当单击其中一个外观时，会出现该外观的参数编辑框，如图 3-5 所示。可以根据渲染的需要对其参数进行编辑修改，且修改的参数与模型是同步的，会即时地反映到模型中进行实时预览。

如果编辑修改后的材质需要保存到材质库中下次再次使用，可将修改后的信息保存，以供下次使用，如图 3-6 所示。

保存分为两种形式：到库、到文件。选择【到库】，系统会弹出库列表，选择一个库列表文件夹，将以材质当前的名称保存在所选的文件夹中，如图 3-7 所示。

注意，此时是不能输入文件名的，如果需另行命名，需在保存前在“外观名称” 外观名称 Red Silk 中进行命名。

选择【到文件】，系统同样会弹出库列表，但此时除了可选择保存的文件夹外，保存的文件名可以根据需要进行修改，如图 3-8 所示。

图 3-5 外观参数编辑框

图 3-6 保存外观

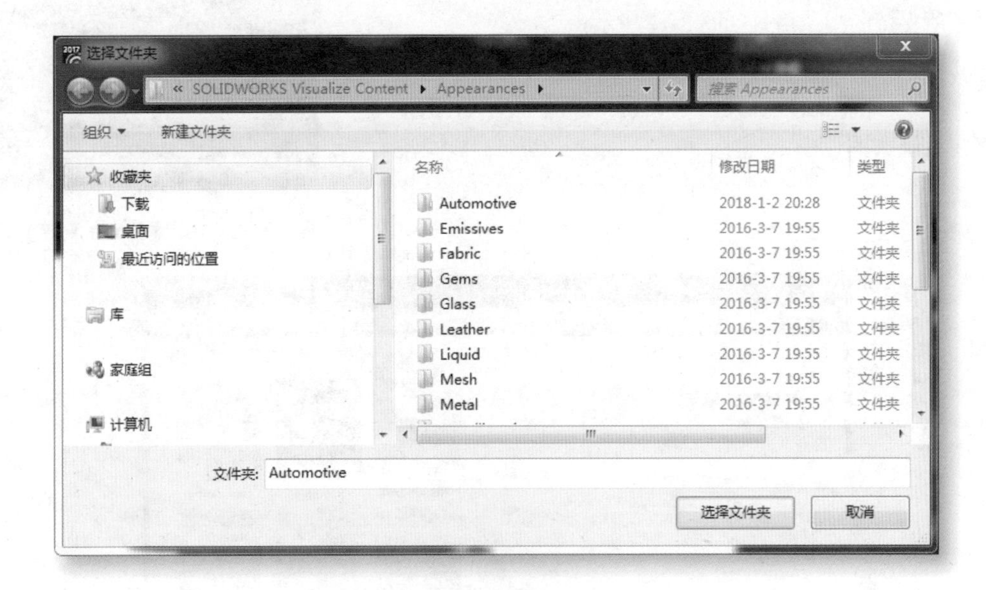

图 3-7 保存到库

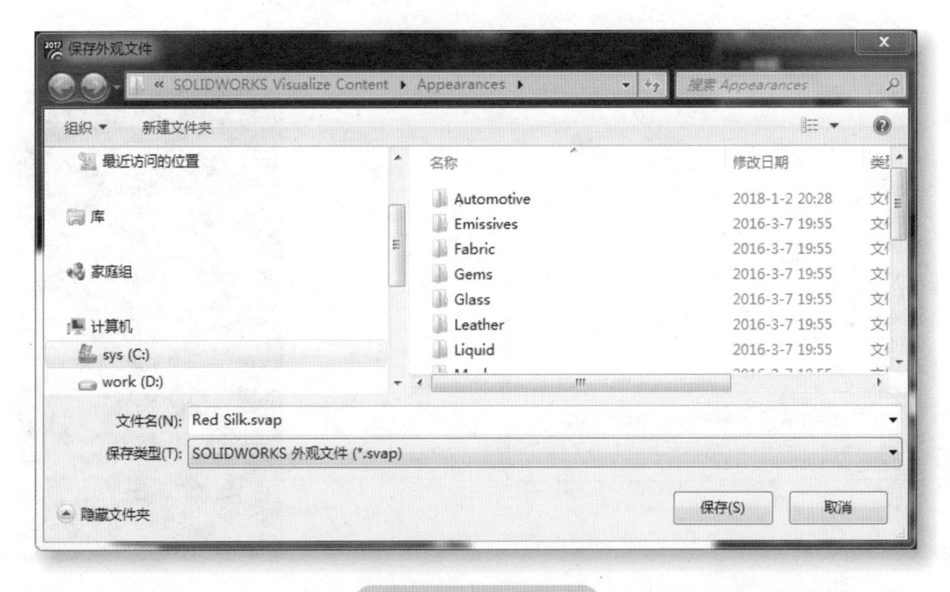

图 3-8 保存到文件

3.3 新建外观 / 新建贴图

当在“外观”空白处单击鼠标时，其下方会出现【新建外观】与【新建贴图】两个功能按钮（见图 3-9），可以根据需要进行全新外观与贴图的创建。创建外观与修改外观的方法相同，在此主要介绍【新建贴图】。

单击【新建贴图】，系统弹出“导入纹理”对话框（见图 3-10），找到所需的纹理文件，选择需要的贴图单击【打开】。

系统所支持的图片格式如图 3-11 所示。

单击【打开】导入贴图后，可对其参数进行修改，如图 3-12 所示。如果需要下次使用，可单击【保存贴图】，将其保存在系统贴图库中。

图 3-9 新建外观 / 新建贴图

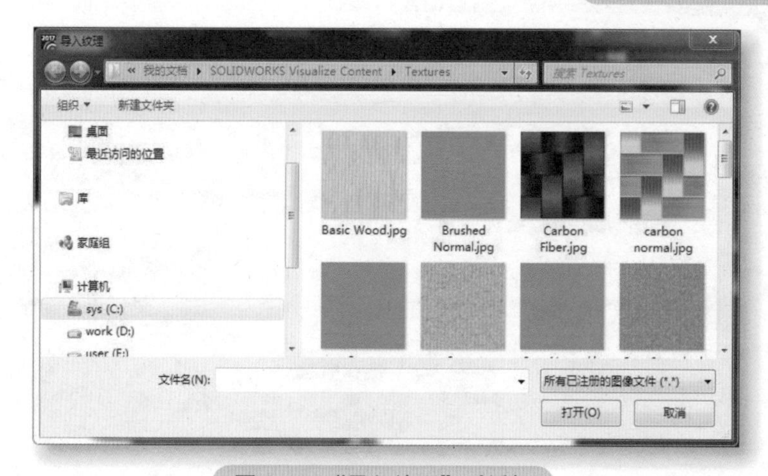

图 3-10 “导入纹理”对话框

所有已注册的图像文件 (*.*)
Adobe Photoshop Image (*.psd)
BMP Image (*.bmp)
DirectX DDS Image (*.dds)
GIF Image (*.gif)
HDR (Radiance) Image (*.hdr;*.pic)
JPEG Image (*.jpg;*.jpeg)
OpenEXR Image (*.exr)
PNG Image (*.png)
Silicon Graphics RGB Image (*.sgi;*.rgb;*.rgba;*.bw)
Targa Image (*.tga)
TIFF Image (*.tif;*.tiff)

图 3-11 支持的图片格式

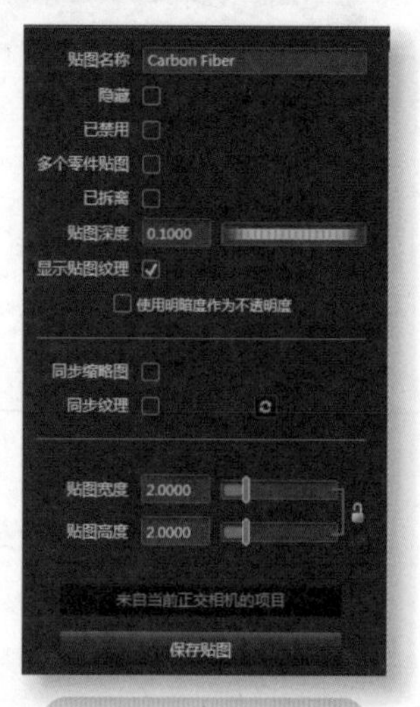

图 3-12 参数修改

新建的贴图与系统材质使用方法一样，使用时将其用鼠标拖拽至模型的相对应位置上即可，如图 3-13 所示。

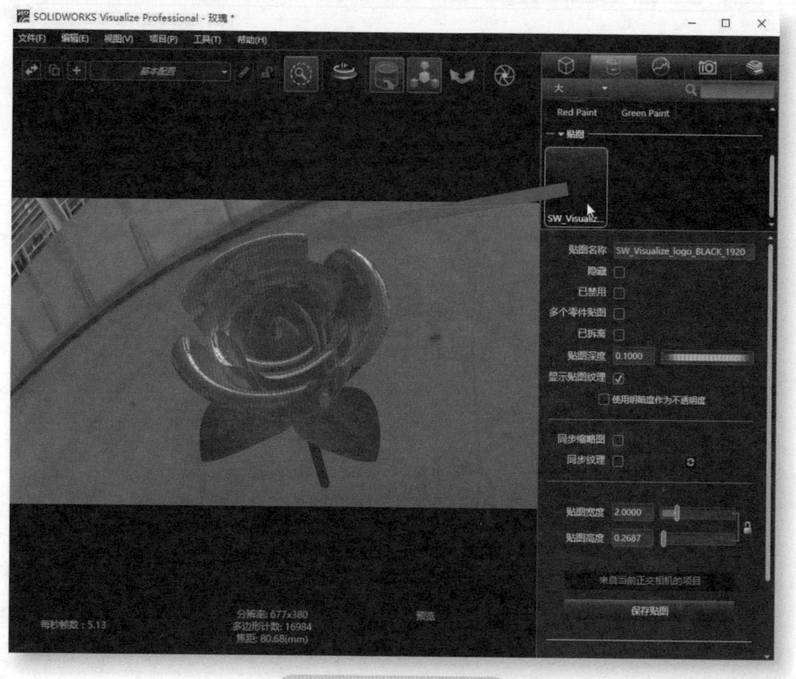

图 3-13　使用贴图

贴图后，根据需要对图片进行适当调整即可，如图 3-14 所示。

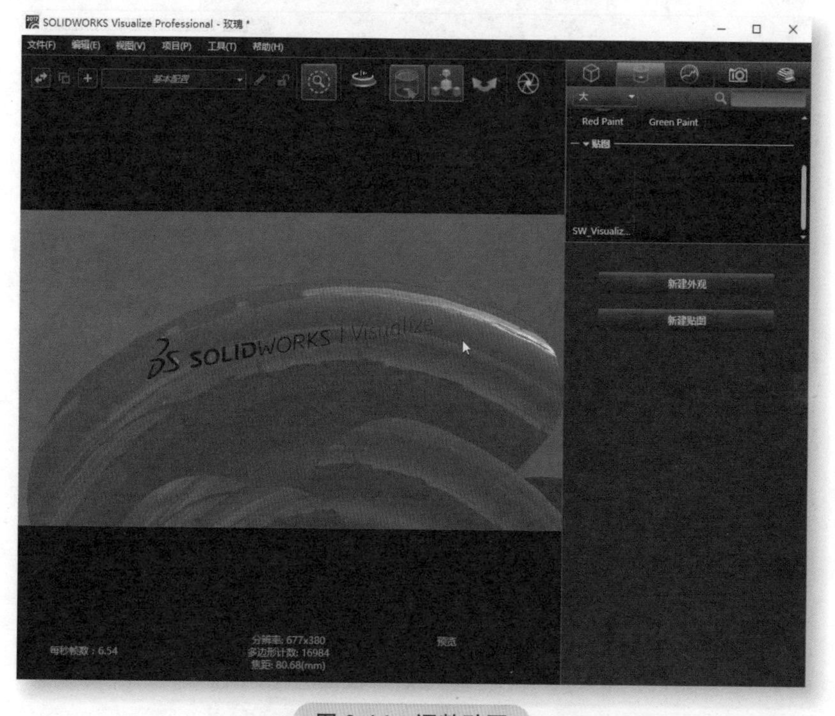

图 3-14　调整贴图

第4章 布景

4

学习目标

1. 了解布景的基本概念。
2. 熟悉布景的添加方式。
3. 熟悉布景的编辑修改方法。

4.1 布景的种类

布景的种类

SOLIDWORKS Visualize 系统自带部分布景，如图 4-1 所示，通过“文件库”中的“Environments”可直接调用，在云库中有更为丰富的布景供选择使用。

“Environments”的内容称为环境贴图（HDRI），又称为辐射（HDR）图像。

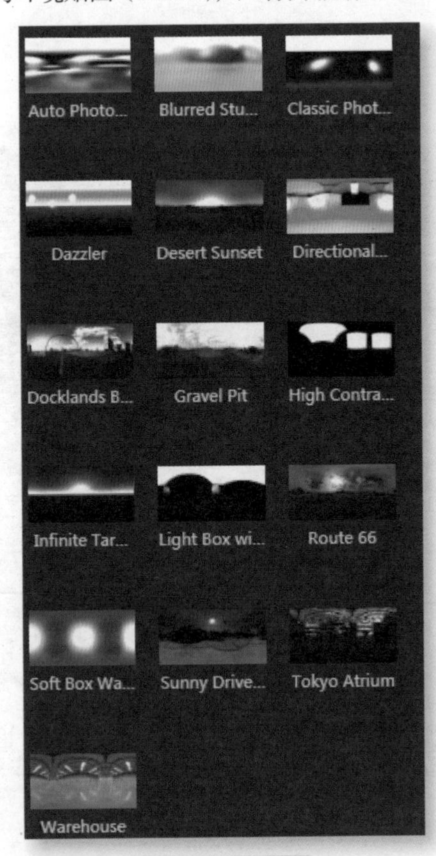

图 4-1　布景库

在布景清单里找到所需的布景，通过鼠标左键将其直接拖拽入工作环境中即可，如图 4-2 所示。在一个渲染中可以存在多个布景，重复选择拖入即可。

拖入多个布景后，当前激活的只能是一个，可以通过双击“布景”下的布景列表进行当前布景的切换。

在加载了布景后可以将布景图像进行隐藏，仅留下打光效果，通过取消“显示环境图像”☑显示环境图像前面的勾选即可，如图 4-3 所示。

图 4-2　Tokyo Atrium 布景添加

图 4-3　环境背景隐藏（环境灯光仍存在）

系统默认的布景为球面，可以通过选中“平展地板”以平展状态显示布景效果。平展状态时观察侧（工作区下侧）将以类平面的方式展示布景，如图 4-4 所示。

图 4-4　平展地板

布景除了利用已有的文件库内容，还可以根据需要自己新建，单击“布景”下的空白区域，在其下方会列出所支持的几种新建内容，包括 HDR 环境、日光环境、背板、光源，如图 4-5 所示。

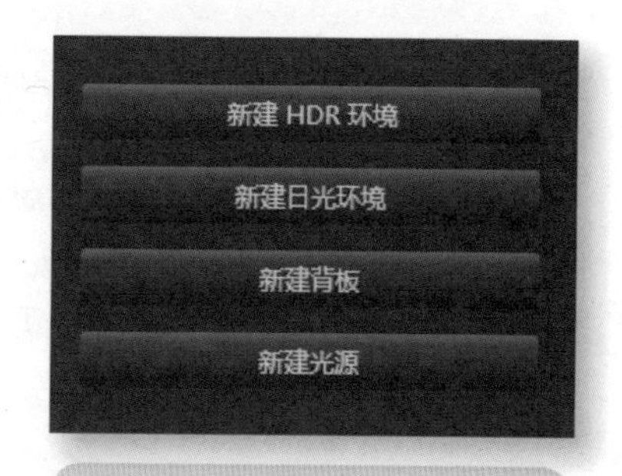

图 4-5　可供新增的布景列表

4.2 如何创建一个布景

创建一个布景的步骤如下：

1. 新建 HDR 环境。在 SOLIDWORKS Visualize 中新建布景有三个途径，如图 4-6 所示。

1）在【项目】选项中单击【布景】/【新建 HDR 环境】。

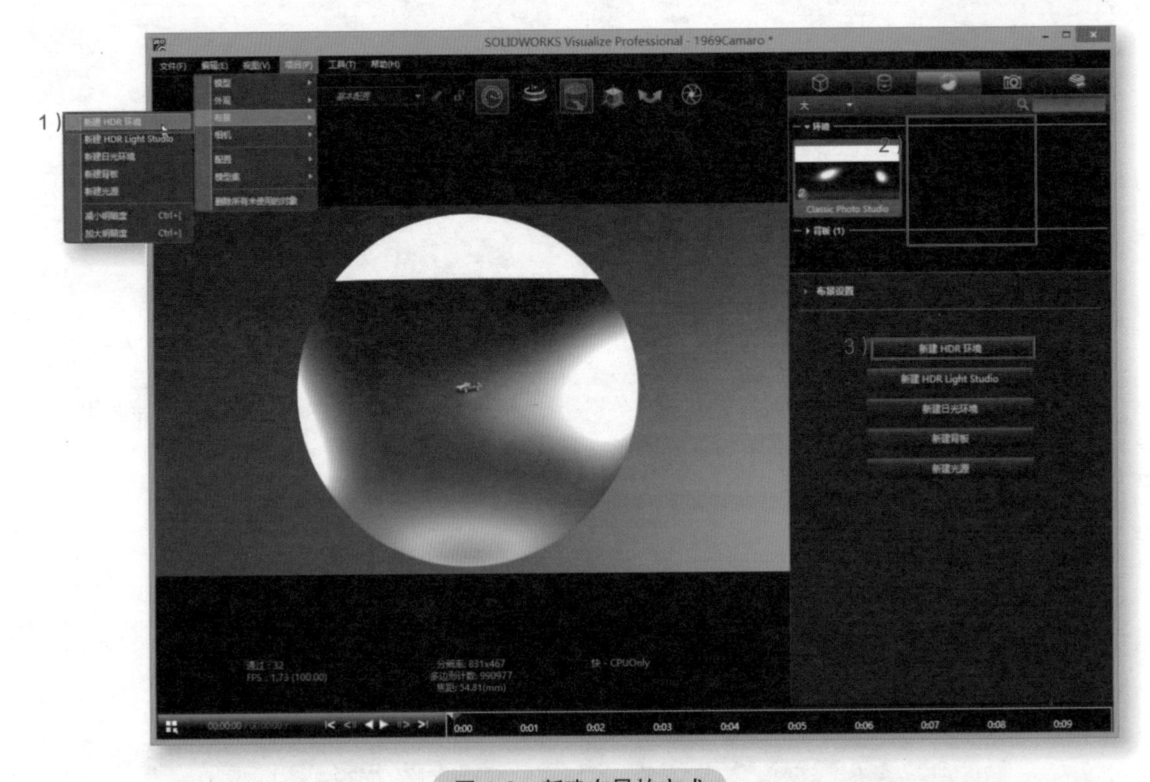

图 4-6　新建布景的方式

2）在“布景”选项卡中的 HDR 环境贴图预览框空白处，单击鼠标右键，在弹出的菜单栏中单击【新建 HDR 环境】，如图 4-7 所示。

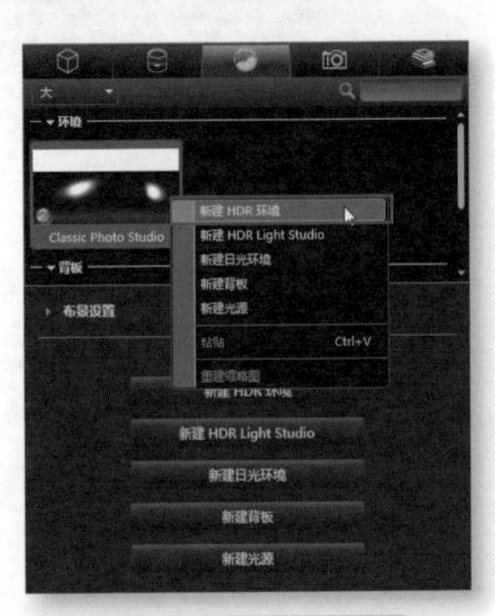

图 4-7　新建 HDR 环境

新建 HDR 环境与新建 HDR Light Studio 之间的区别如下：

- “新建 HDR 环境”在渲染区域内添加环境灯光，比如自然光，但模型上的高光非常弱。
- “新建 HDR Light Studio”属于第三方软件，启动同步作用：添加 / 修改 HDR 环境灯光；添加 / 修改模型上的高光等多种特定灯光，更加衬托出模型材质的质感。

3）在“布景”选项卡下方的工具栏中单击【新建 HDR 环境】按钮。

2. 在“打开环境”窗口选择 HDR 文件，如图 4-8 所示，单击【打开】按钮，“布景”创建完成，如图 4-9 所示。

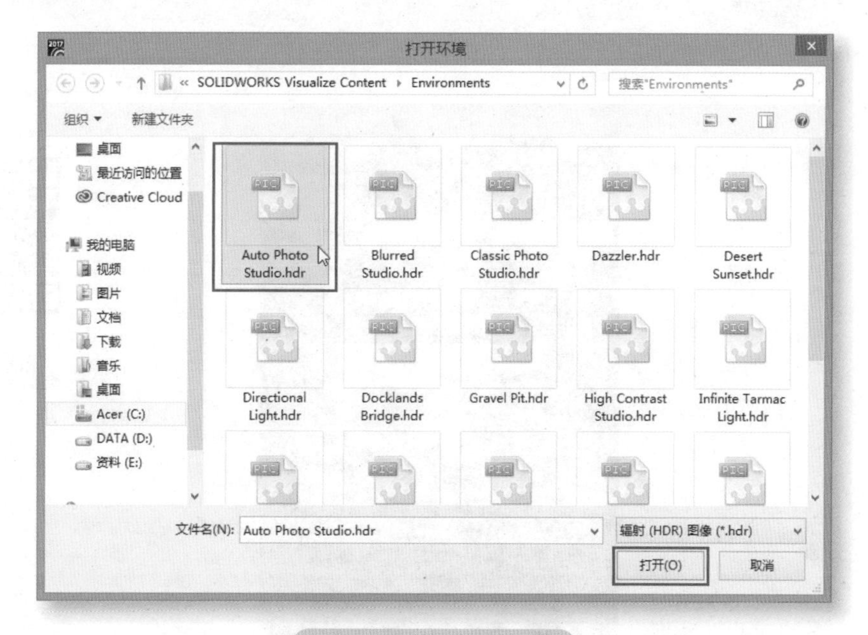

图 4-8 选择 HDR 文件

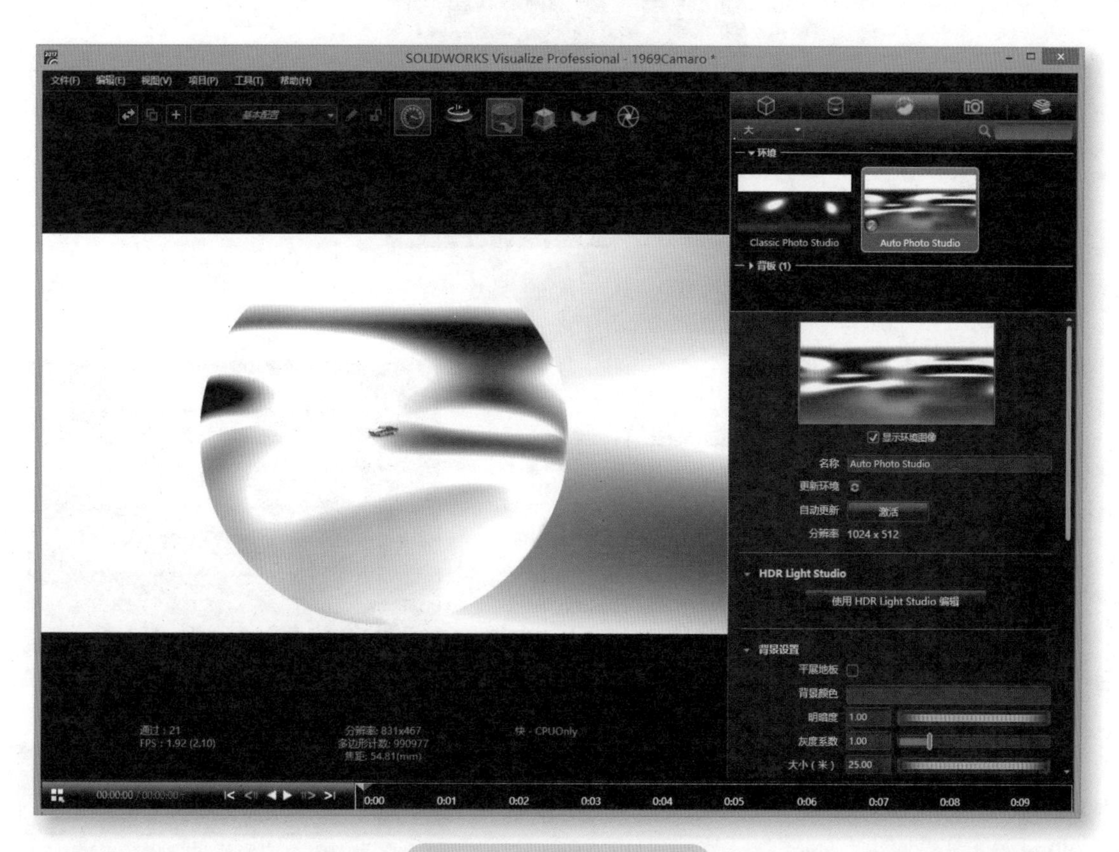

图 4-9 “布景”创建完成

4.3 布景的编辑

在 SOLIDWORKS Visualize 中，通过“布景设置”对布景进行进一步的编辑修改，如图 4-10 所示。

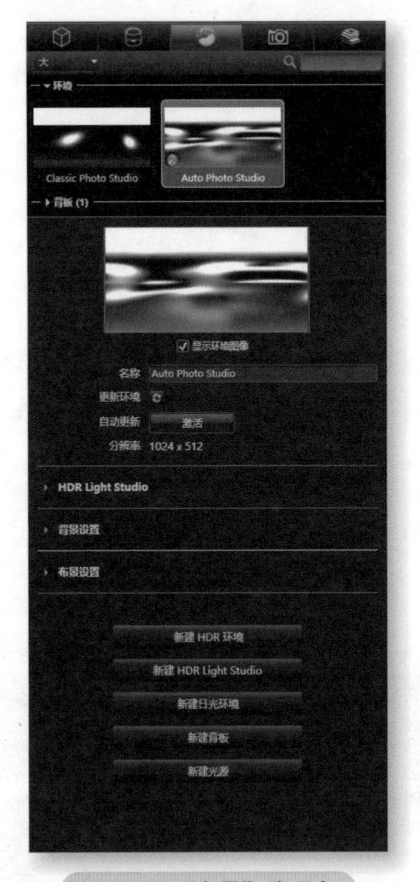

图 4-10 “布景”选项卡

布景的编辑

4.3.1 环境预设 / 属性

单击“红色框”内的 HDR 环境图像后，弹出“打开环境”窗口，可更换当前的 HDR 环境图像，如图 4-11 所示。

图 4-11 “打开环境”窗口

4.3.2 HDR Light Studio（已安装 HDR Light Studio 软件）

布景选项卡中设定了 HDR Light Studio 按钮，单击后可以打开并同步设置布景灯光布置的第三方软件 HDR Light Studio 灯光库。【使用 HDR Light Studio 编辑】按钮如图 4-12 所示。第三方软件“HDR Light Studio 灯光库”如图 4-13 所示。SOLIDWORKS Visualize 软件与 HDR Light Studio 灯光库软件同步，如图 4-14 所示。

图 4-12 【使用 HDR Light Studio 编辑】按钮

图 4-13　第三方软件“HDR Light Studio 灯光库”

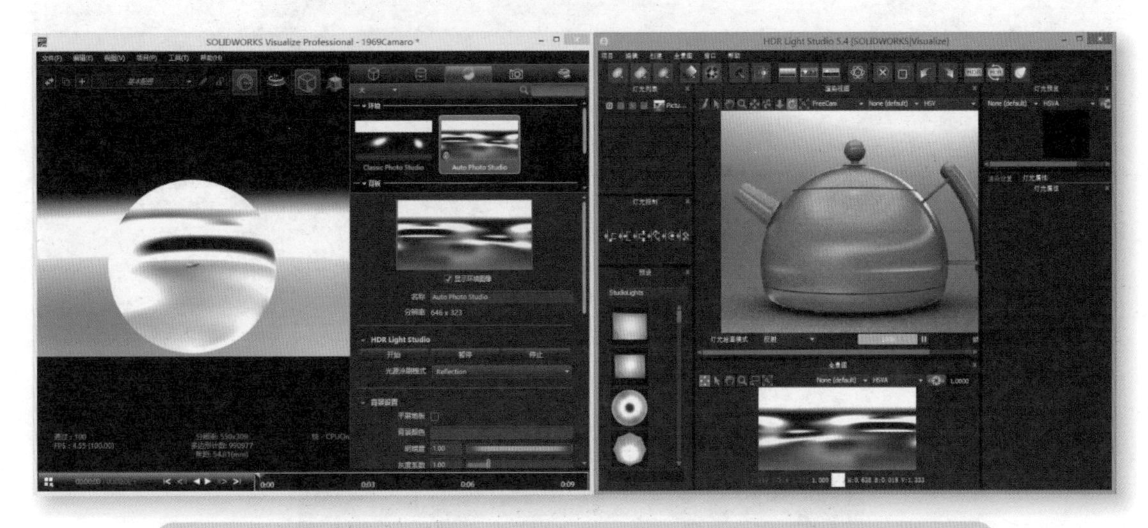

图 4-14　SOLIDWORKS Visualize 软件与 HDR Light Studio 灯光库软件同步

4.3.3　背景设置

更改 HDR 图像的明暗度和灰度系数设置，显示平展地板 / 地板参数设置，如图 4-15 所示。

平展地板如图 4-16 所示，平展环境球面的地板。默认情况下，HDR 图像为球形，且赤道与假想地板水平对应。平展地板将环境球形转换为半球形，图像重新映射到所产生的半球，且底部变为可见楼板。

确定环境球形之外的 3D 视窗的背景颜色。单击颜色以选择一个新颜色。背景颜色设置如图 4-17 所示。拾色器如图 4-18 所示。模型视图“背景颜色”展示如图 4-19 所示。

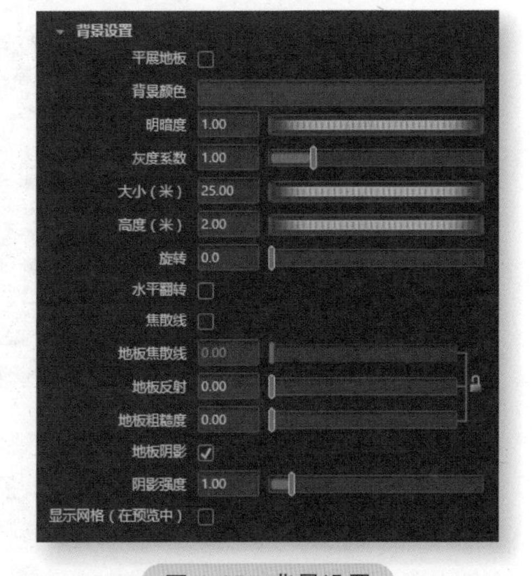

图 4-15　背景设置

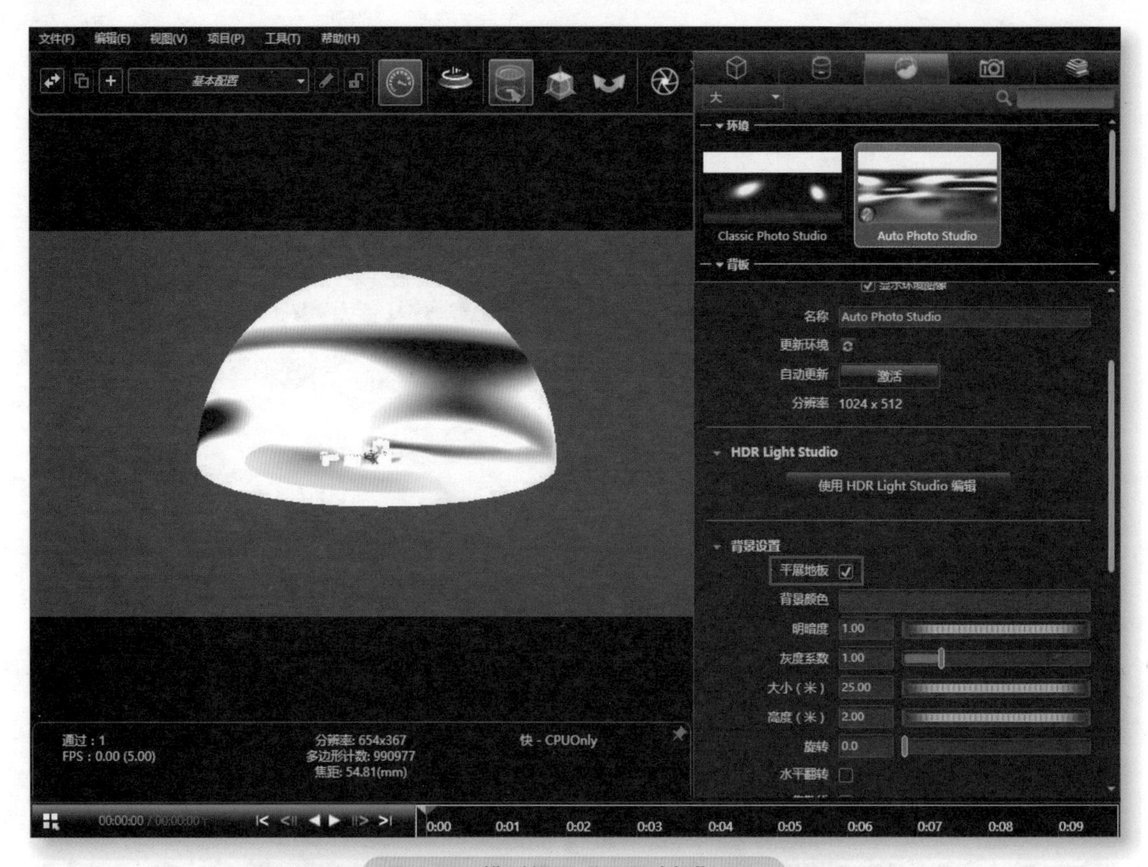

图 4-16 模型视图“平展地板”展示

图 4-17 背景颜色设置

HSV
RGB
HSV

HSV：色调（H）、饱和度（S）、亮度（V）

在红色框内单击已添加收藏夹颜色

图 4-18 拾色器

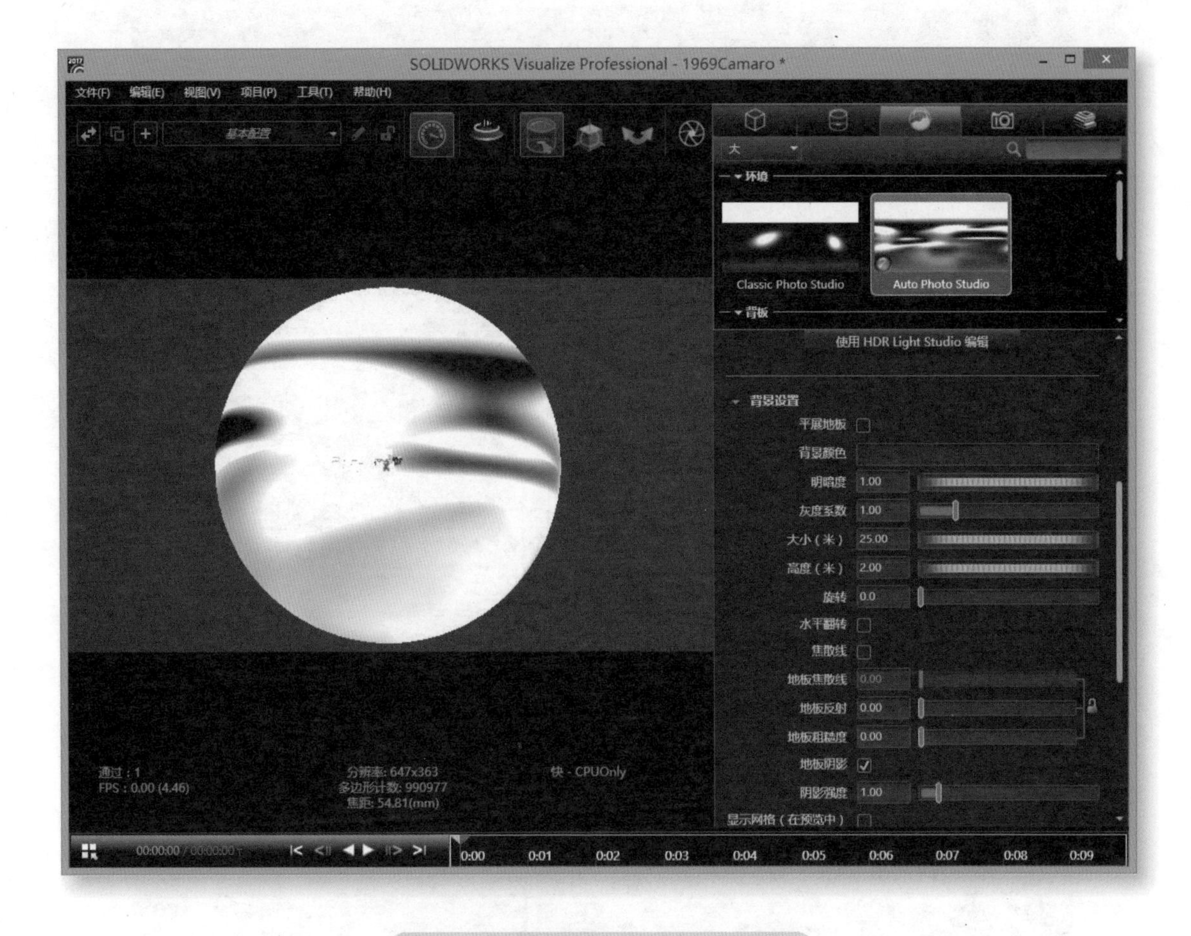

图 4-19　模型视图“背景颜色”展示

“明暗度”设置如图 4-20~ 图 4-23 所示，用于设置亮度，可实时进行更改。该值升高，明暗度也加大；该值降低，明暗度也减少。默认值：1。自定义：数值≥ 0，无负值。

背景设置
平展地板
背景颜色
明暗度 1.00

图 4-20　“明暗度”设置

图 4-21　模型视图“明暗度”参数：1（默认值）

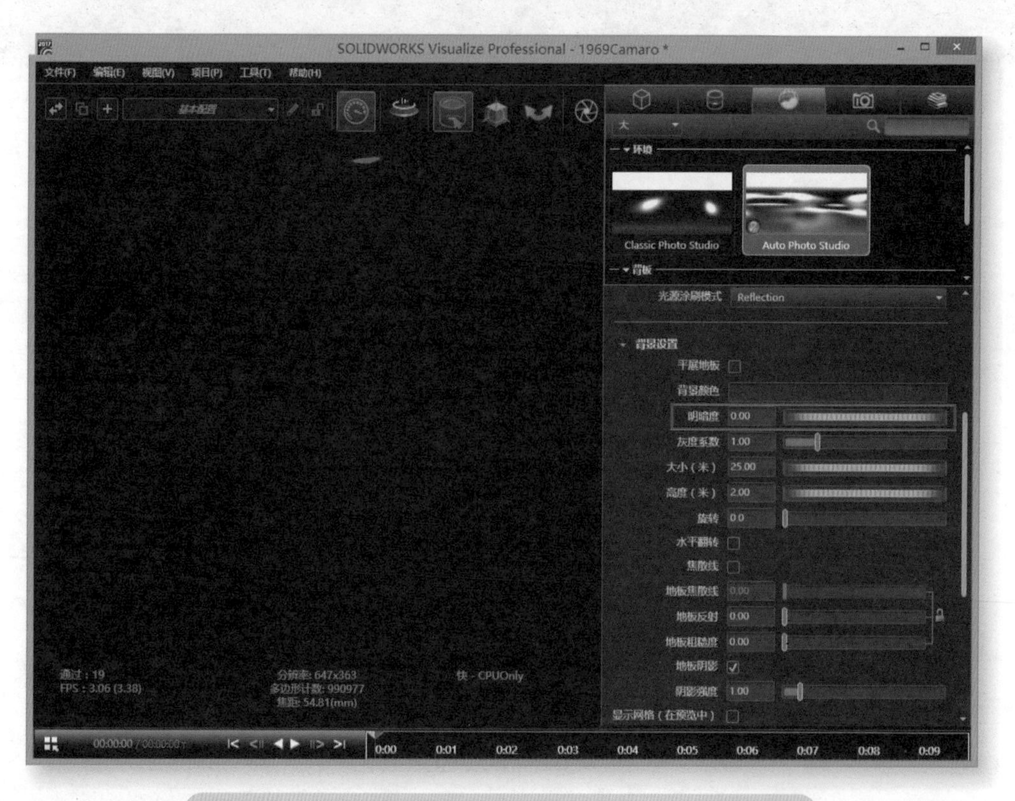

图 4-22　模型视图“明暗度”参数：0（自定义：最小值）

图 4-23 模型视图“明暗度”参数：10000（自定义：未到最大值）

“灰度系数”设置如图 4-24~ 图 4-27 所示，用于设置对比度和明暗度，可实时进行更改。此值升高，则降低对比度并加大明暗度；此值降低，则增加对比度并减小明暗度。默认值：1。自定义：0.25 ≤数值≤ 4，无负值。

图 4-24 “灰度系数”设置

图 4-25　模型视图“灰度系数”参数：1（默认值）

图 4-26　模型视图“灰度系数”参数：0.25（自定义：最小值）

图 4-27 模型视图“灰度系数”参数：4（自定义：最大值）

“大小（米）”设置如图 4-28~ 图 4-31 所示，用于设置环境球形的半径。默认值：25。自定义：2 ≤数值≤ 35，效果最佳。如果数值超出范围，使用效果就会太明显，当然也有例外。环境球最好包裹住渲染模型。

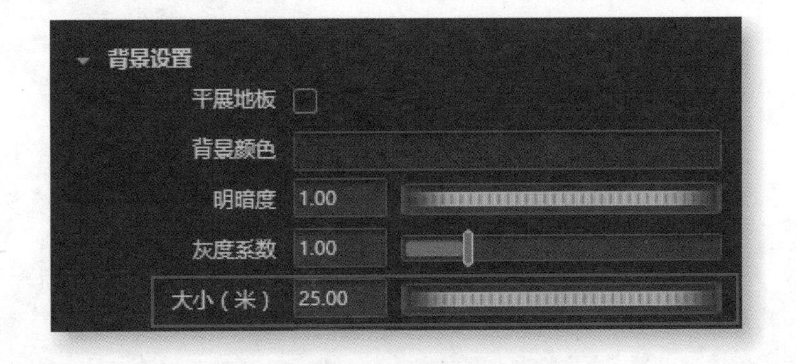

图 4-28 “大小（米）”设置

图 4-29　模型视图“大小（米）”参数：25（默认值）

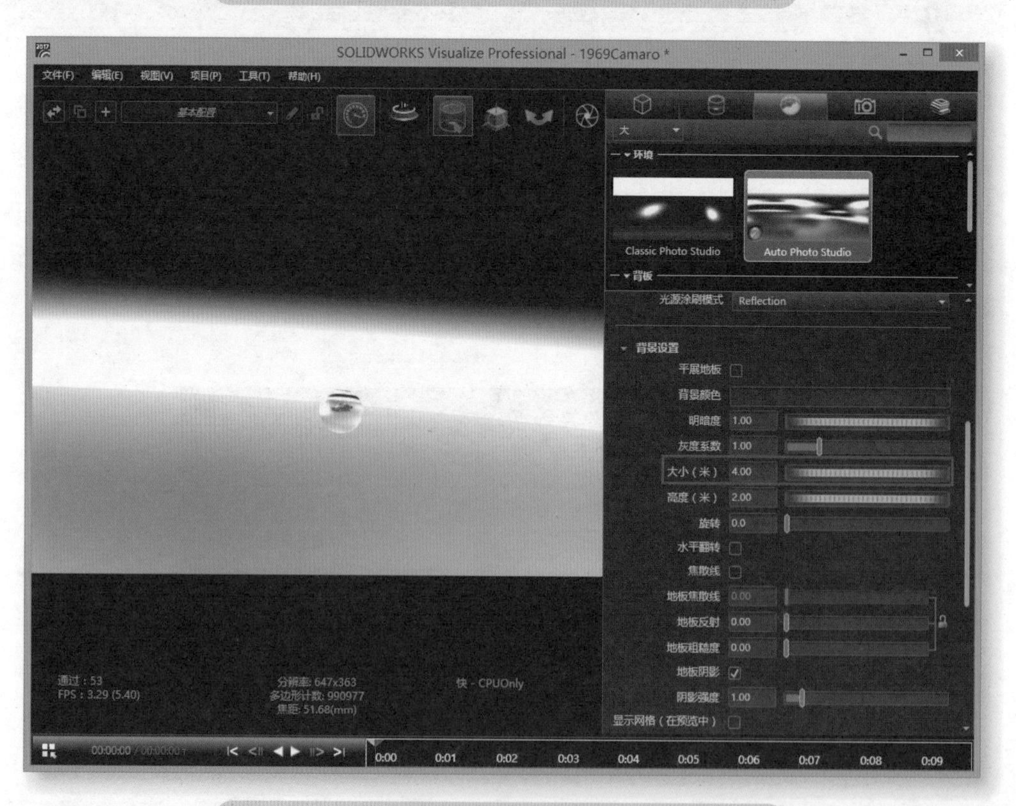

图 4-30　模型视图“大小（米）”参数：4（自定义）

图 4-31　模型视图“大小（米）”参数：30（自定义）

“高度（米）”设置如图 4-32~ 图 4-35 所示，用于垂直偏移与全局原点有关的环境图像。默认值：2。

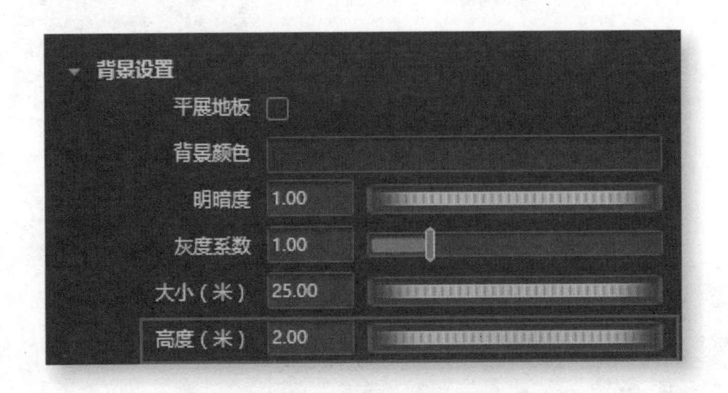

图 4-32　“高度（米）”设置

图 4-33　模型视图“高度（米）”参数：2（默认值）

图 4-34　模型视图“高度（米）”参数：20（自定义）

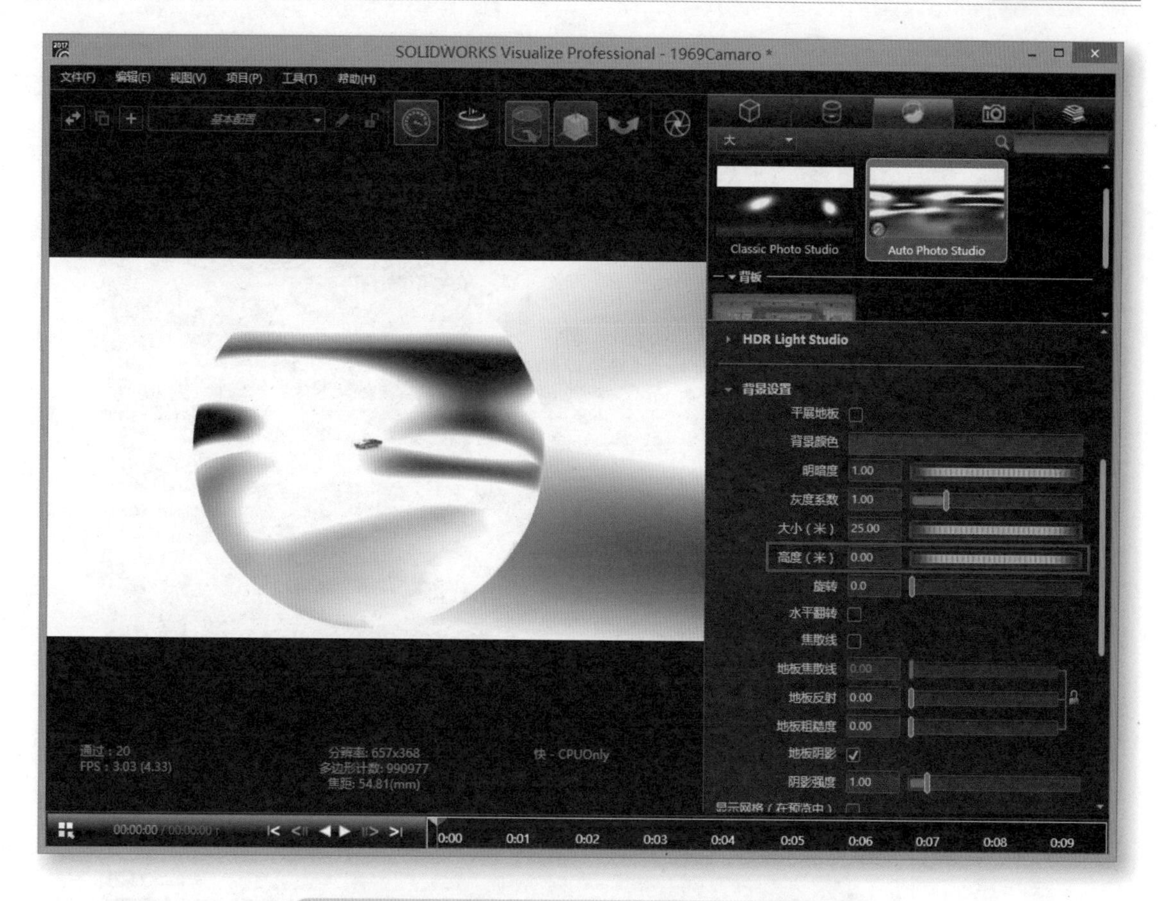

图 4-35　模型视图“高度（米）”参数：0（自定义）

“旋转”设置如图 4-36~ 图 4-38 所示，用于旋转环境，从而更改环境图像辐射光线的方向。以度数为单位进行旋转。默认值：0。快捷键：【Ctrl+Alt】+ 鼠标左键。

图 4-36　“旋转”设置

图 4-37 “旋转”参数：0（默认值）

图 4-38 “旋转”参数：20（自定义）

“水平翻转”设置如图 4-39~ 图 4-41 所示，用于围绕图像中心的竖直轴水平（左 / 右）翻转环境图像。

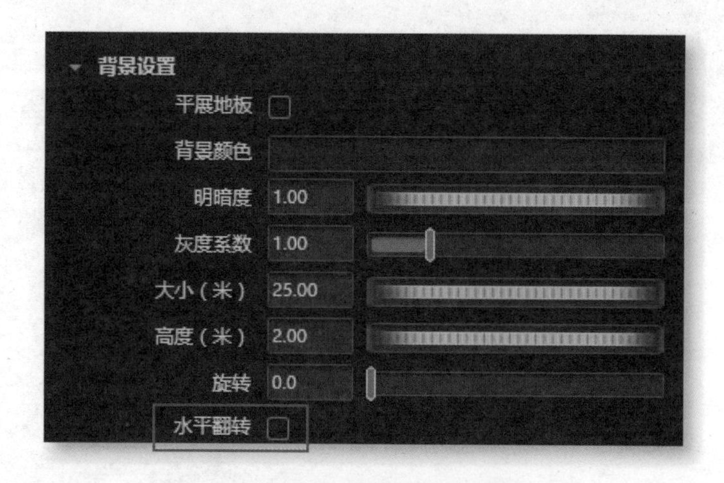

图 4-39 “水平翻转”设置

图 4-40 “水平翻转”未勾选

图 4-41 “水平翻转”已勾选

“焦散线”设置如图 4-42~ 图 4-44 所示。增强的渲染可提供非常详细的焦散线。

在表面反射和折射的光线会相互干涉而形成明亮条纹。通过观看阴影过渡可以看到细微的不同。

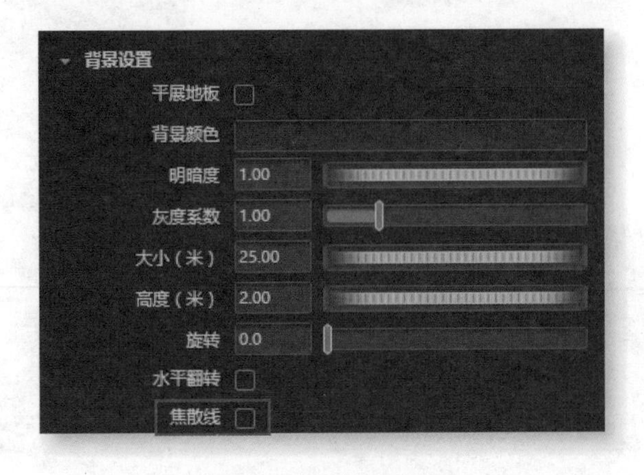

图 4-42 “焦散线”设置

图 4-43 “焦散线”未勾选

图 4-44 “焦散线”已勾选

“地板焦散线”“地板反射”“地板粗糙度”“地板阴影”“阴影强度”设置如图 4-45~ 图 4-48 所示。增强的渲染可提供非常详细的焦散线。地板反射：增大地面的光泽度。地板粗糙度：增大地面的粗糙度。阴影强度：1（默认值）。

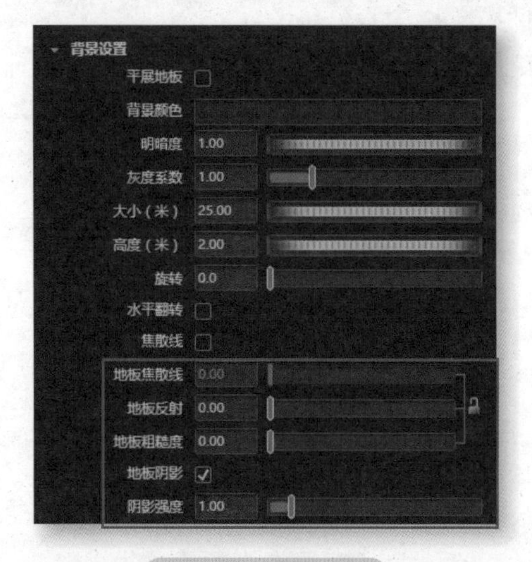

图 4-45　地板设置

图 4-46　地板设置（默认值）

图 4-47 地板设置(地板焦散线:0.37，地板反射:0.37，地板粗糙度:0.19)自定义

图 4-48 地板设置(地板焦散线:0.19，地板反射:0.37，地板粗糙度:0)自定义

“显示网络（在预览中）”设置如图 4-49、图 4-50 所示，用于在 XZ 平面中显示或隐藏网络。通过网络与背板的贴合，让模型贴合地板。

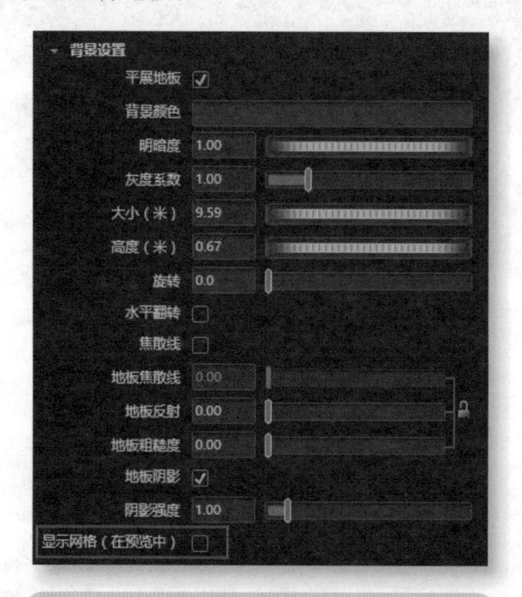

图 4-49 “显示网络（在预览中）”未勾选

图 4-50 “显示网络（在预览中）”已勾选

4.3.4 布景设置

布景设置只有一个“内部”选项开关，如图 4-51 所示，勾选后用于对封闭空间的渲染进行优化。

图 4-51 “内部”选项开关

4.4 日光环境

日光环境

通过新建日光环境可以模拟阳光在特定时间和特定位置的照射效果，如图 4-52 所示，可以模拟地球上一天内特定位置和时间的光源，所产生的阳光环境不同于 HDR 图像。随一天中时间而变的太阳和天空照明功能仅在 SOLIDWORKS Visualize Professional 中可用。

图 4-52 新建日光环境

在日光参数表里，单击【位置、时间和日期】按钮，可以通过调整日期、时间、经纬度等参数来获取相应的日光参数，如图 4-53 所示。

而更改了相关参数后，当前的渲染环境即按新的日光参数实时更新渲染效果，如图 4-54 所示。

图 4-53 日光参数设置

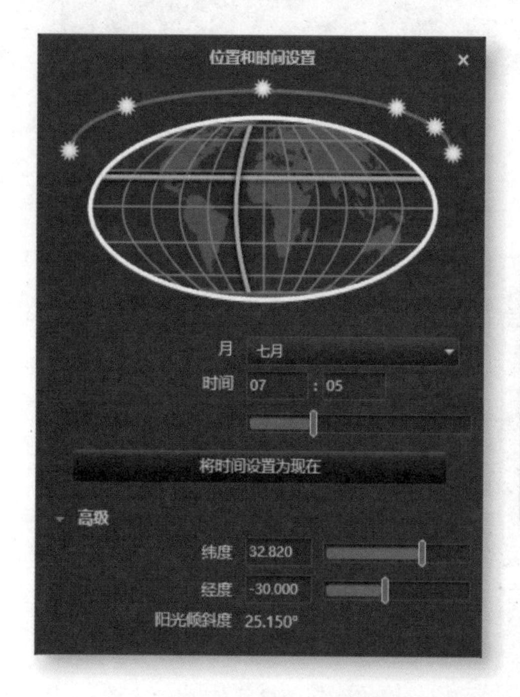

图 4-54 更改位置和时间设置与渲染视图

背 板

4.5 背板

背板就是背景图像，通过定义背板可以将各类受支持的照片当成当前渲染的背景，成为渲染的一部分。此背景只是静态的，不像环境布景那样可以随模型变动而转换视角。背板是在项目背景中加载高分辨率的 2D 图像。添加后，无论将相机移动到何处，背板图像都将保持在背景中。布景中的 HDR 环境图像指定的光源，并不受背板图像的影响。背板（景）图像与环境光源也不受影响，无阴影、无反射。通过与背景设置、光源设置配合，背板贴图可调节自身明暗度。

图 4-55 “新建背板”按钮

单击【新建背板】按钮，如图 4-55 所示，系统弹出“打开背景板”对话框，可以在该对话框里选择所需的图片，选中后单击【打开】按钮，选中的图片将以背景的形式显示在工作区里，如图 4-56 所示。新建背板完成，如图 4-57 所示。

“背板”所支持的图片格式与“贴图”所支持的格式一样。

图 4-56 选择图片

图 4-57 新建背板完成

4.6 光源

通过新建光源，可以对布景里的灯光做补充。系统支持的光源包括：点光源、定向光源、聚光源三种。不同的光源对应不同的参数，可根据需要进行编辑调整。通过创建和调整单个光源，可对布景中的HDR光源进行补充。光源功能仅在SOLIDWORKS Visualize Professional中可用。

图 4-58 “新建光源”按钮

单击“新建光源”按钮（见图4-58），新建光源后选中该光源，将会列出该光源的参数，通过单击“类型”的下拉列表可以选择所需的光源，如图4-59所示。

图 4-59 选择所需光源

点光源参数如图4-60所示，通过参数修改可调整点光源的明暗度、颜色、色温、点光源半径等参数。

定向光源参数如图4-61所示，通过参数修改可调整定向光源的明暗度、颜色、色温、定向光源大小等参数。

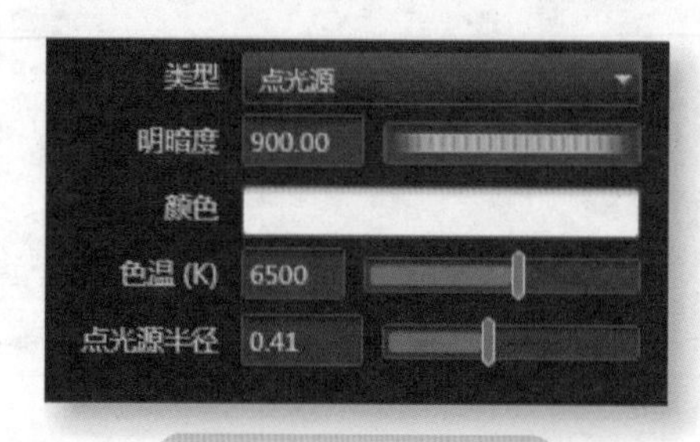

图 4-60 点光源参数

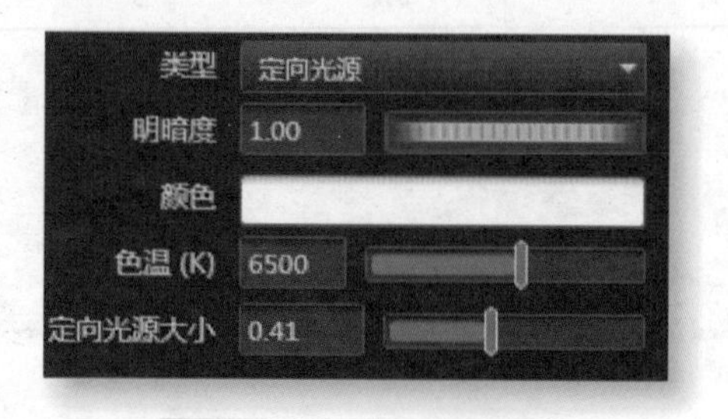

图 4-61 定向光源参数

聚光源参数如图4-62所示，通过参数修改可调整聚光源的明暗度、颜色、色温、聚光源半径、圆锥角度、衰减等参数。

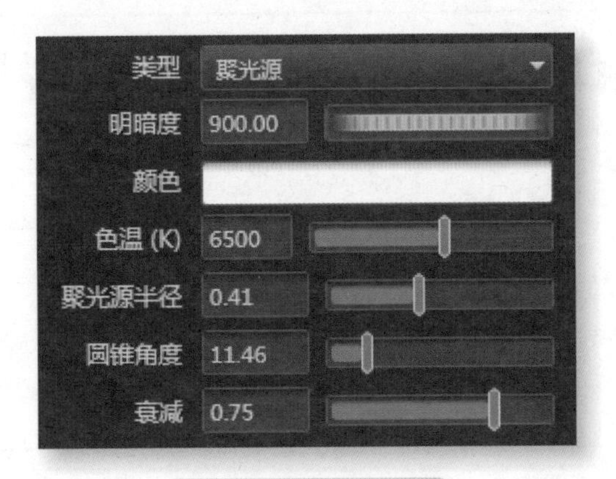

图4-62　聚光源参数

SOLIDWORKS Visualize中支持多个光源同时存在，可通过参数里的 已启用 ☑ 进行设置。

如需对光源的位置进行调整，可选中光源后通过【对象操作工具】/【移动】进行位置调整，如图4-63所示。

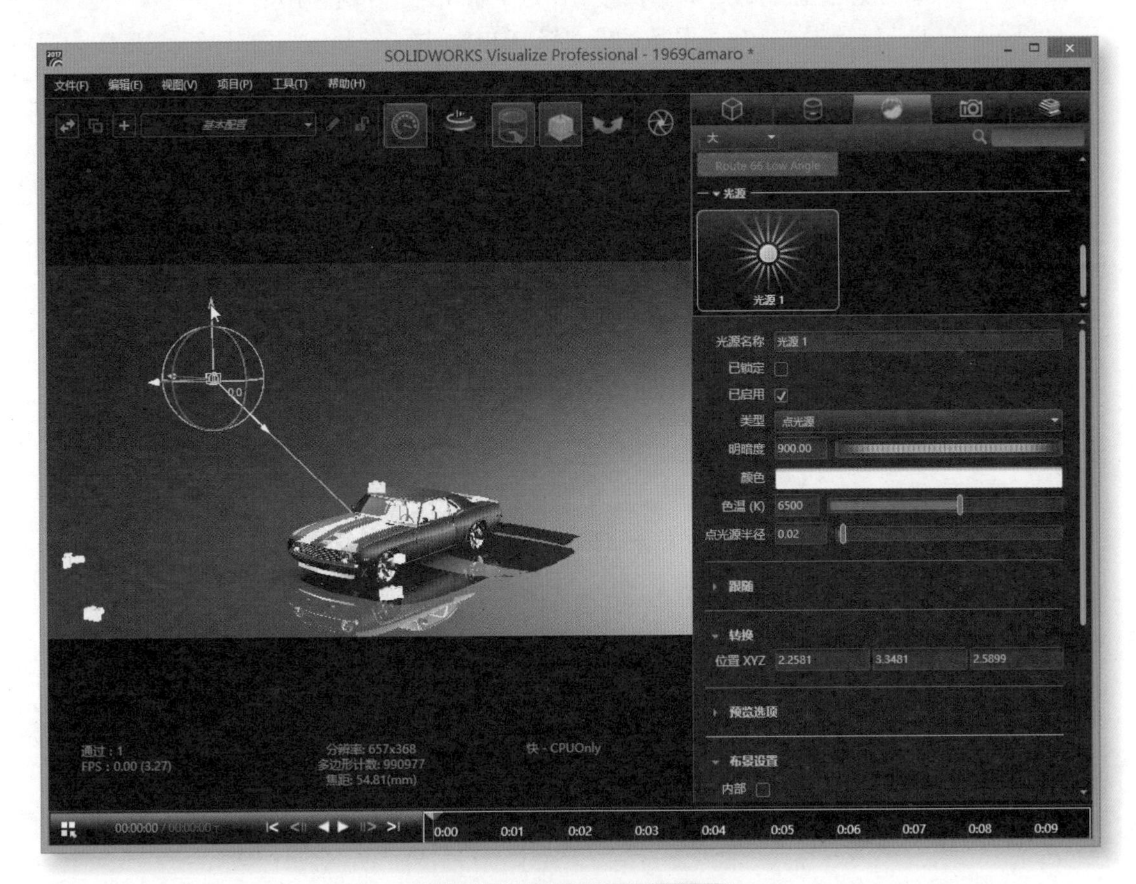

图4-63　调整移动光源位置

第5章

HDR Light Studio 布光指南

5

学习目标

1. 了解场景的基本概念。
2. 熟悉场景的添加方式。
3. 熟悉场景的编辑修改方法。

5.1 软件基本功能介绍

HDR Light Studio 是一款专业级高动态范围 3D 渲染软件，能够帮助 3D 艺术家快速设计、创建、调整 HDRI（高动态范围图片），包括摄影工作室光照效果，如图 5-1 所示。

可根据用户的三维数据，产生高品质的专业级 HDRI，并能够和传统的摄影完美匹配，适用于需要高质量图片进行市场推广的场合。

图 5-1 摄影工作室光照效果

HDR 全称为高动态渲染，有时也叫作高动态渲染图形或者高动态渲染表现（HDRL）。HDR 文件的扩展名是 hdr 或 tif 格式，有足够的能力保存光照信息。HDRI 可以模拟环境反射贴图，但贴图不会在场景背景中显示，即图片是被反射或折射来用的。

在渲染软件中 HDR 很方便地调用超出正常渲染范围的色值，产生更加真实和逼真的 3D 场景。辐射（HDR）图像如图 5-2 所示。图 5-3 显示了有无 HDR 图像的对比效果。

HDR 的优点：光线高度逼近真实，暗影部分逼近真实，同时所有细节都会栩栩如生。

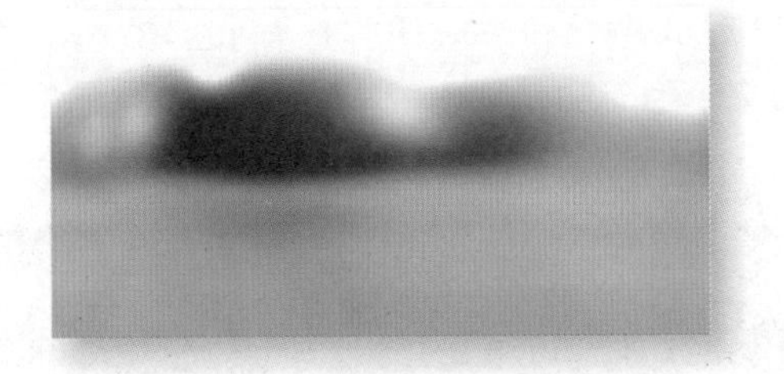

图 5-2 辐射（HDR）图像

a）使用 HDR 的图像

b）未使用 HDR 的图像

图 5-3 有无 HDR 图像的对比效果

HDR Light Studio 软件为多个 3D 软件提供了同步接口文件，现在的 SOLIDWORKS Visualize 软件中已经包括了 HDR Light Studio 软件的同步接口文件，如图 5-4 所示。

Connections

Below you will find the current version of connections which are available.

	Windows 64	Mac OS X 64	Linux 64
3ds Max Connection	3ds Max (5)		
Cinema 4D Connection	Cinema 4D (3)	Cinema 4D (3)	
DeltaGen Connection	DeltaGen (7)		
Houdini Connection	Houdini (4)	Houdini (3)	Houdini (4)
LightWave3D Connection	LightWave3D (2)	LightWave3D (2)	
Maxwell Studio Connection	Available in App		
Maya Connection	Maya (4)	Maya (4)	Maya (8)
Modo Connection	MODO (5)	MODO (5)	MODO (5)
Rhino 3D Connection	Rhino 5		
SOLIDWORKS Visualize Connection	Available in App		
VRED Connection	Available in App		

图 5-4 HDR Light Studio 软件为第三方软件提供的同步接口文件

启动 HDR Light Studio 后，将看到主应用程序窗口，它分为七个面板与一个工具栏，如图 5-5 所示。可以使用窗口菜单隐藏和显示面板。HDR Light Studio 软件工作流程如图 5-6 所示。

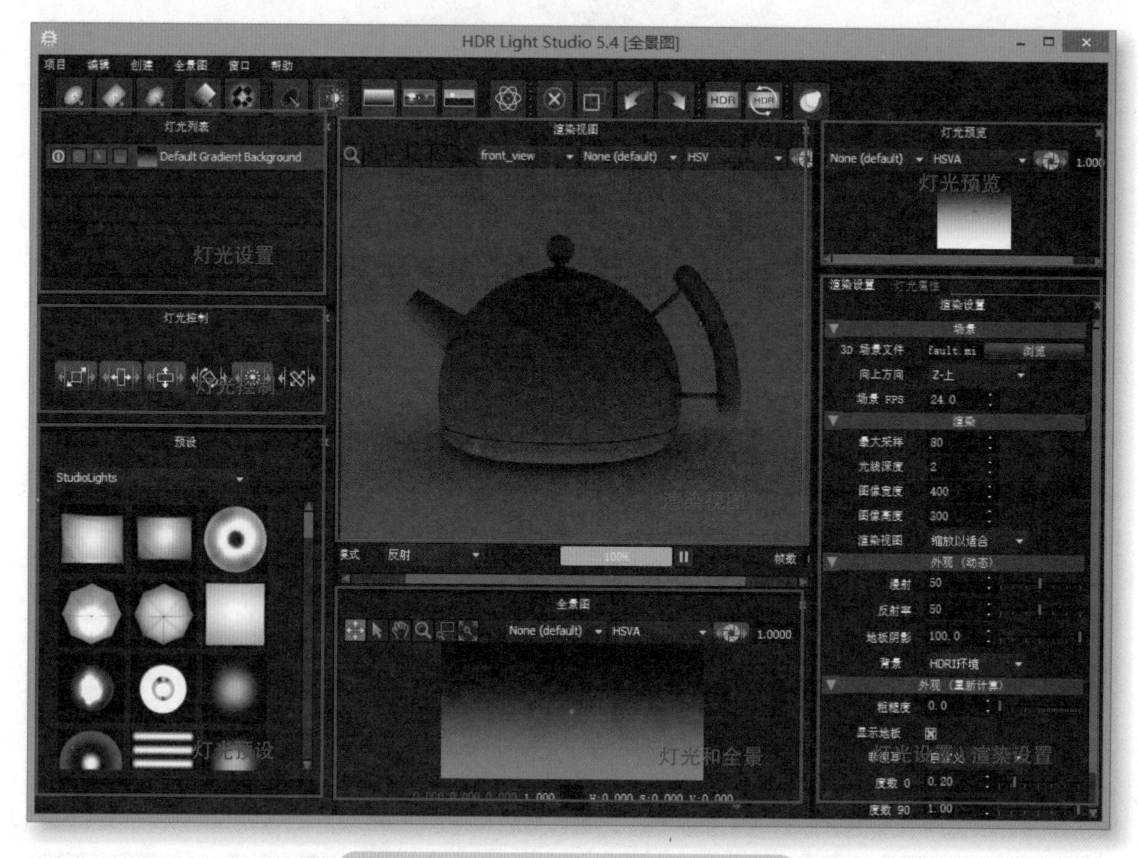

图 5-5　HDR Light Studio 软件工作界面

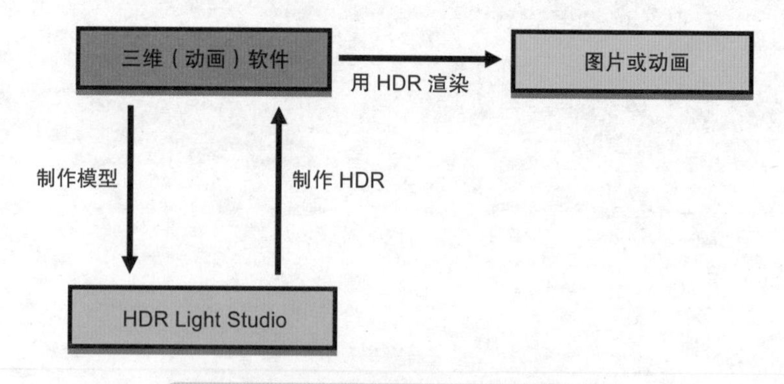

图 5-6　HDR Light Studio 软件工作流程

5.2　软件的安装

HDR Light Studio 与 SOLIDWORKS Visualize 不是同一软件，作为增强支持软件需另外安装（安装包自行下载）。安装 HDR Light Studio 软件的步骤如下：

1）下载后左键双击安装程序，系统自动解压并进入安装过程，如图 5-7~ 图 5-9 所示。

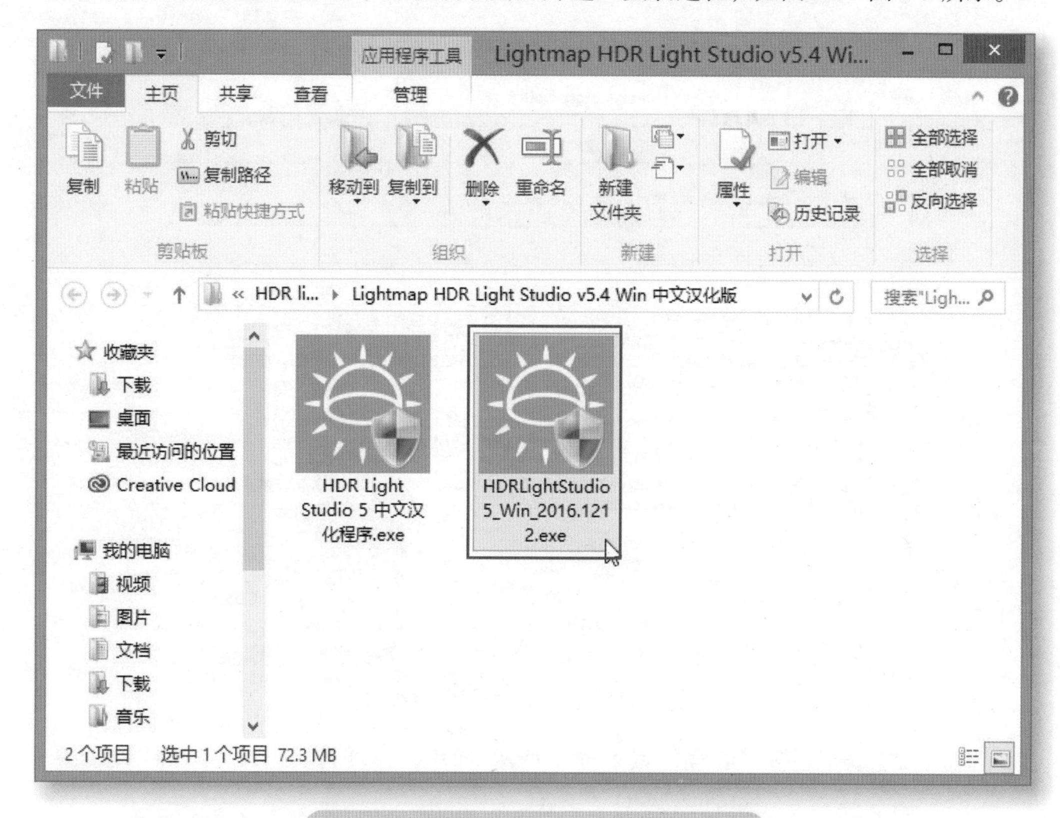

图 5-7 HDR Light Studio 软件安装程序

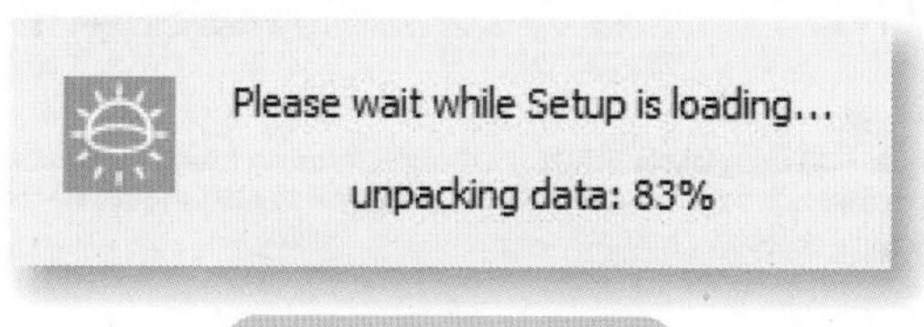

图 5-8 安装包解压

图 5-9 安装中

2）在用户协议界面里单击【I Agree】按钮，如图 5-10 所示。

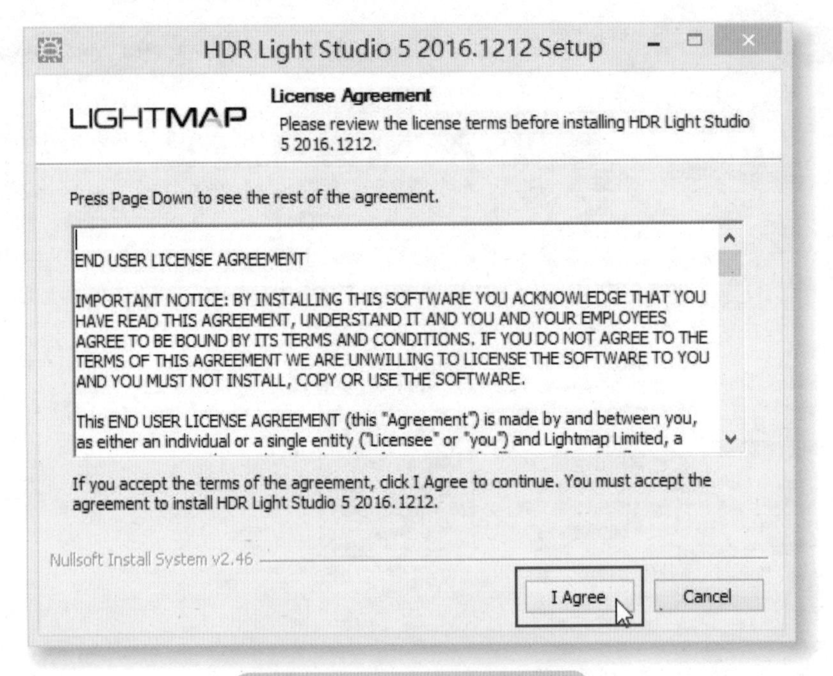

图 5-10　单击【I Agree】按钮

3）根据需要选择软件安装路径，如图 5-11 所示。

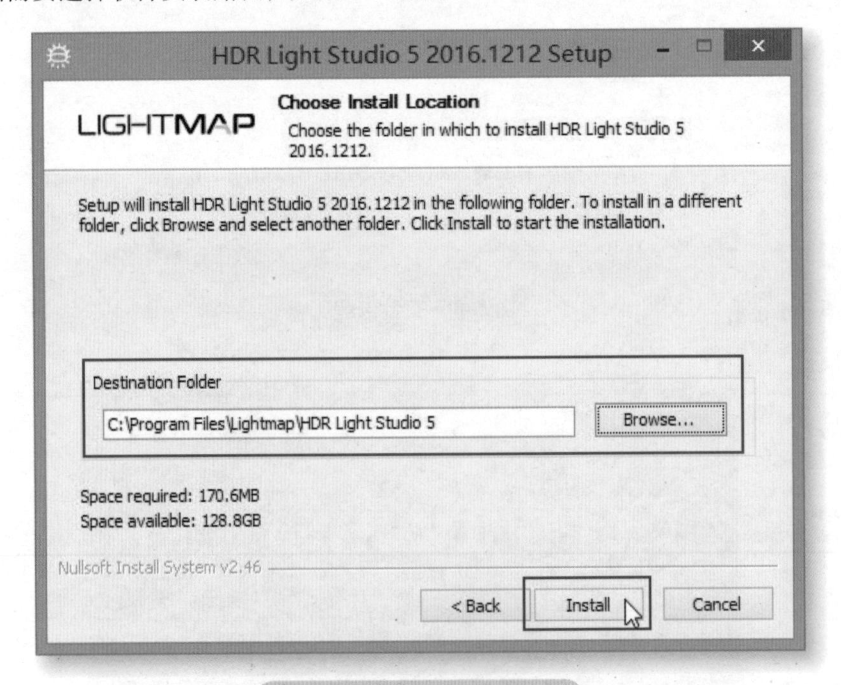

图 5-11　选择软件安装路径

4）安装完成后启动程序，选择“Run in demo mode”，进入试用模式，如图 5-12 所示。如果有正版授权，可以单击“Enter an activation code”输入正版序列号。

图 5-12 选择试用模式

5）进入软件后可以看到图 5-13 所示的初始界面。

图 5-13 软件初始界面

5.3 如何自主布置灯光

5.3.1 导入系统灯光库

软件安装完成后会产生图 5-14 所示的“灯光库”文件夹，在使用前还需将该文件夹导入到系统库里。

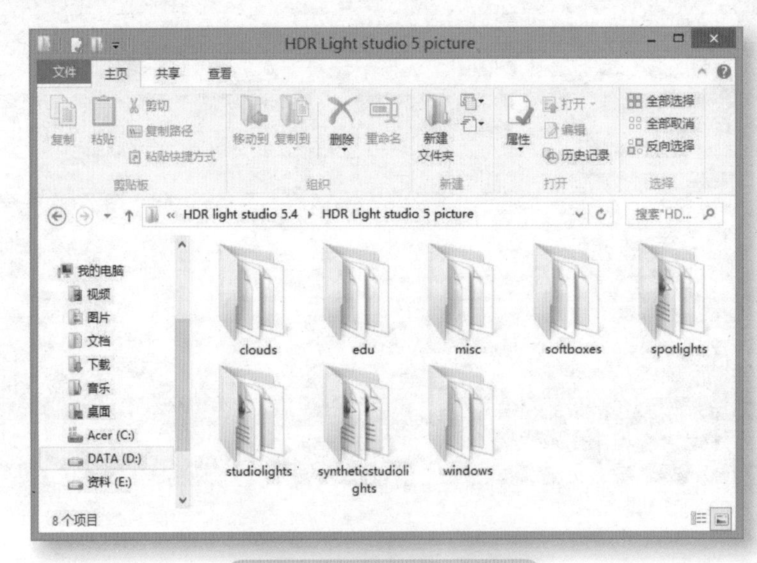

图 5-14 “灯光库”文件夹

单击菜单栏的【编辑】/【首选项】，如图 5-15 所示。

图 5-15 选择【首选项】

在弹出的“HDR Light studio 首选项”对话框中“预设目录”后面单击【选择】，如图 5-16 所示。

图 5-16 选择预设目录

系统弹出“Browse for folder”对话框，将灯光库文件夹中的所有文件夹复制粘贴到该对话框中，如图 5-17 所示。复制完成后如图 5-18 所示。

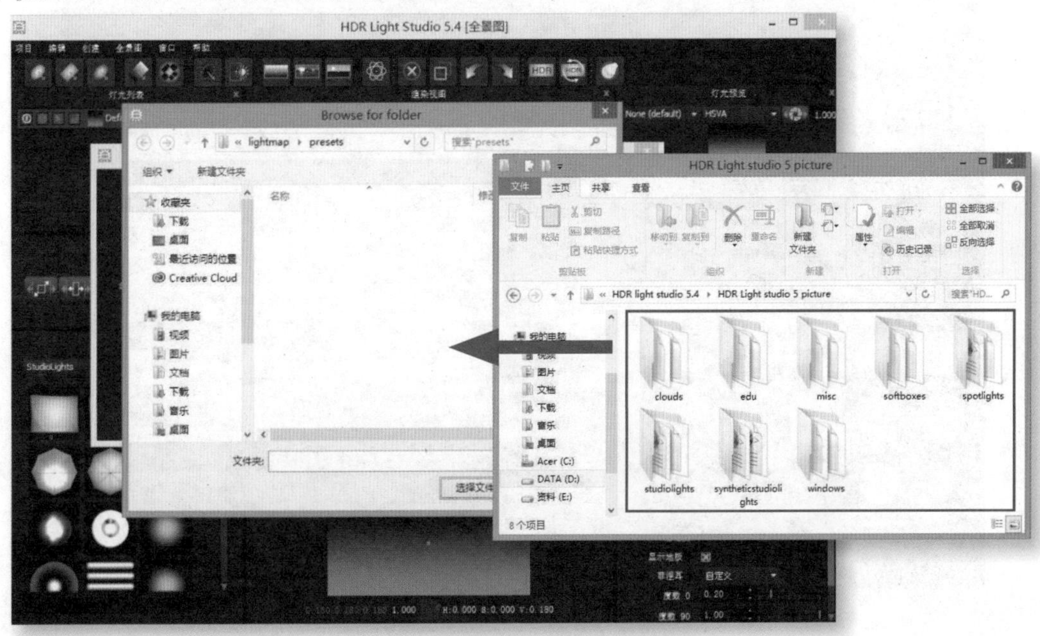

图 5-17 复制“灯光库”文件夹

图 5-18 复制完成

复制完成后退出，回到工作界面，在界面左下角的“预设”框内会看到加载的灯光预览，如图 5-19 所示。

图 5-19 预设缩略图

5.3.2 自主布置灯光

通过 HDR Light Studio 进行自主灯光布置有两种方式，一种是同步布置，另一种是通过项目输出后在 HDR Light Studio 中进行布置。

1）在“HDR Light Studio”中进行同步布置。安装完 HDR Light Studio 后，在 SOLIDWORKS Visualize 中选择背景后会多出一个功能按钮 使用 HDR Light Studio 编辑，单击该按钮后会同步启动 HDR Light Studio，如图 5-20 所示。

图 5-20 启动 HDR Light Studio 编辑

HDR Light Studio 中包含多种灯光类型，在此用“圆形灯”做范例进行讲解。单击【圆形灯】按钮，如图 5-21 所示。

图 5-21 圆形灯

单击后会产生一个新的圆形灯，并出现在灯光列表中，同时在预览中可以看到灯光的定位位置，如图 5-22 所示。

图 5-22　完成添加“圆形灯”的灯光

通过【光绘】对灯光节点进行定位，如图 5-23 所示。

图 5-23　光绘

选择模型，可在模型预览中看到灯光的投射效果，如图 5-24 所示。

图 5-24 灯光投射效果

在 SOLIDWORKS Visualize 软件中（与 HDR Light Studio 软件同步的情况下），在渲染视图中通过单击模型使用【光绘】定位节点，如图 5-25 所示。

图 5-25 使用【光绘】定位节点

2）通过项目输出进行布置。在 HDR Light Studio 软件中场景展示方向的世界坐标轴（Y 轴、Z 轴但不包括 X 轴），如图 5-26 所示。单击【文件】/【导出】/【导出项目】，如图 5-27 所示。在文件夹“1”中，保存文件名为“1.obj”，如图 5-28 所示。

图 5-26　模型：垂直于 Y 轴，面朝 Z 轴（最佳）

图 5-27　单击【导出项目】

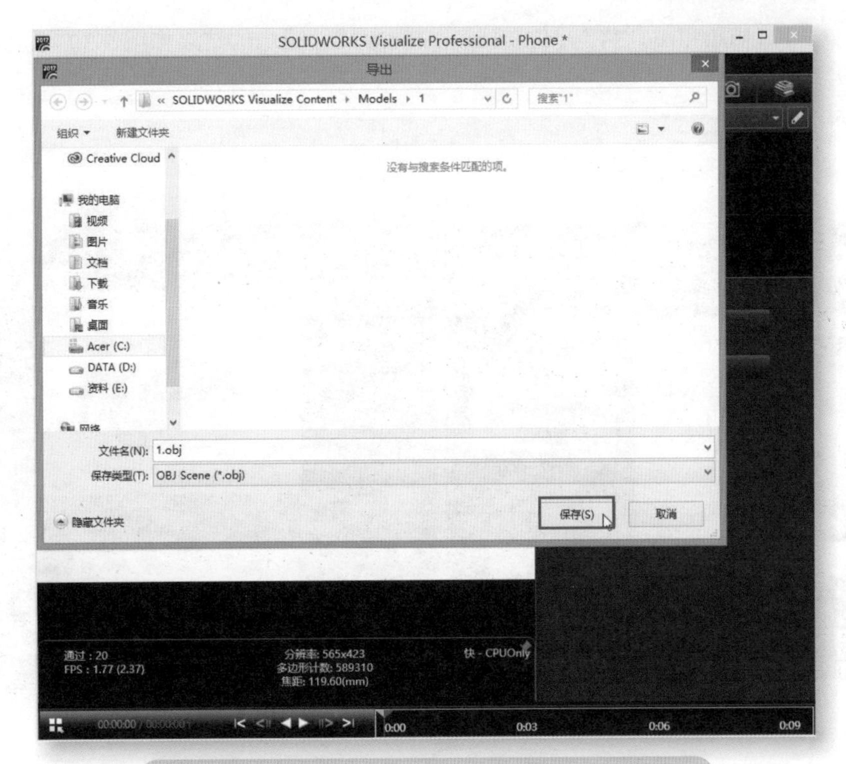

图 5-28　在文件夹“1”中，保存文件名为“1.obj”

记住“1.obj”文件的路径，如图 5-29 所示。

图 5-29　导出“1.obj”已完成

SOLIDWORKS Visualize 软件与 HDR Light Studio 软件同步的结果如图 5-30~ 图 5-34 所示。

图 5-30　单击【加载 3D 场景文件】按钮

图 5-31　打开“1.obj”文件

图 5-32 HDR Light Studio 软件中，3D 场景文件加载成功

图 5-33 HDR Light Studio 软件中，单击【圆形灯】按钮

图 5-34　单击【光绘】按钮

在 HDR Light Studio 软件中，通过单击模型使用【光绘】定位节点，如图 5-35、图 5-36 所示。同样在 SOLIDWORKS Visualize 软件中也是可以“光绘”的，条件如下：HDR Light Studio 软件同步。

图 5-35　模拟投射模型上的灯光定位节点（1）

图 5-36　添加“灯光库”中特定的灯光

在 HDR Light Studio 软件中，通过单击模型使用【光绘】定位节点，如图 5-37 所示。

同样在 SOLIDWORKS Visualize 软件中也是可以“光绘”的，条件如下：HDR Light Studio 软件同步。

图 5-37　模拟投射模型上的灯光定位节点（2）

第 6 章

6

如何在 SOLIDWORKS Visualize 中布置灯光

学习目标

1. 了解 Visualize 与 HDR Light Studio 的同步。
2. 熟悉灯光的编辑修改。
3. 熟悉详细的灯光、场景参数。

灯光不仅提高了我们的生存条件，还给我们的生活带来了情趣上的变化。渲染特定的气氛离不开对光的合理布置。不同的光感对于各种艺术形式所表现出的基调是不同的。SOLIDWORKS Visualize 中的虚拟灯光和其他领域的灯光一样，是其重要的组成部分。人的视觉和感知基于光的存在，因此光在画面中是必不可少的。本章介绍 SOLIDWORKS Visualize 如何与 HDR Light Studio 结合来设置灯光、新建光源以及光源参数详解。

6.1 HDR Light Studio 与 SOLIDWORKS Visualize 的结合

HDR Light Studio 的基本功能在上一章已介绍过，其功能为 3D 计算机图形艺术家而设计，帮助建立专业摄影样式的产品渲染效果、产品包装、媒介等。根据用户的三维数据，产生高品质的专业级 HDRI 高动态范围图片，能够和传统的摄影相匹配。在 SOLIDWORKS Visualize 中，可以直接打开 HDR Light Studio 对模型进行同步灯光布置，可在很大程度上提高渲染图片的质量，提高工作效率。

6.1.1 新建 HDR Light Studio

新建 HDR Light Studio 与 HDR 环境

1）打开一个样本项目 phone.svpj，在顶部菜单栏选择【项目】，在【布景】里选择【新建 HDR Light Studio】项目，如图 6-1 所示。也可以在右侧工具栏中选择布景，在【布景】下拉菜单中单击【新建 HDR Light Studio】，如图 6-2 所示。

2）新建 HDR Light Studio 后，Visualize 就会自动打开灯光制作工具（需提前安装），之后所有的灯光调试都能够直接反馈到 Visualize 中即时渲染，如图 6-3 所示。

图 6-1　新建 HDR Light Studio（1）

图 6-2　新建 HDR Light Studio（2）

图 6-3　新建 HDR Light Studio（3）

6.1.2　新建一个 HDR 环境

在 SOLIDWORKS Visualize 中新建一个 HDR 环境，再将这个 HDR 环境导入到 HDR Light Studio 编辑。

1）打开样本项目“phone.svpj”，在布景里单击【新建 HDR 环境】，如图 6-4 所示。

图 6-4　新建 HDR 环境

2）单击【新建 HDR 环境】后，选择环境库里的一个环境，选择好环境后单击【打开】，如图 6-5 所示。

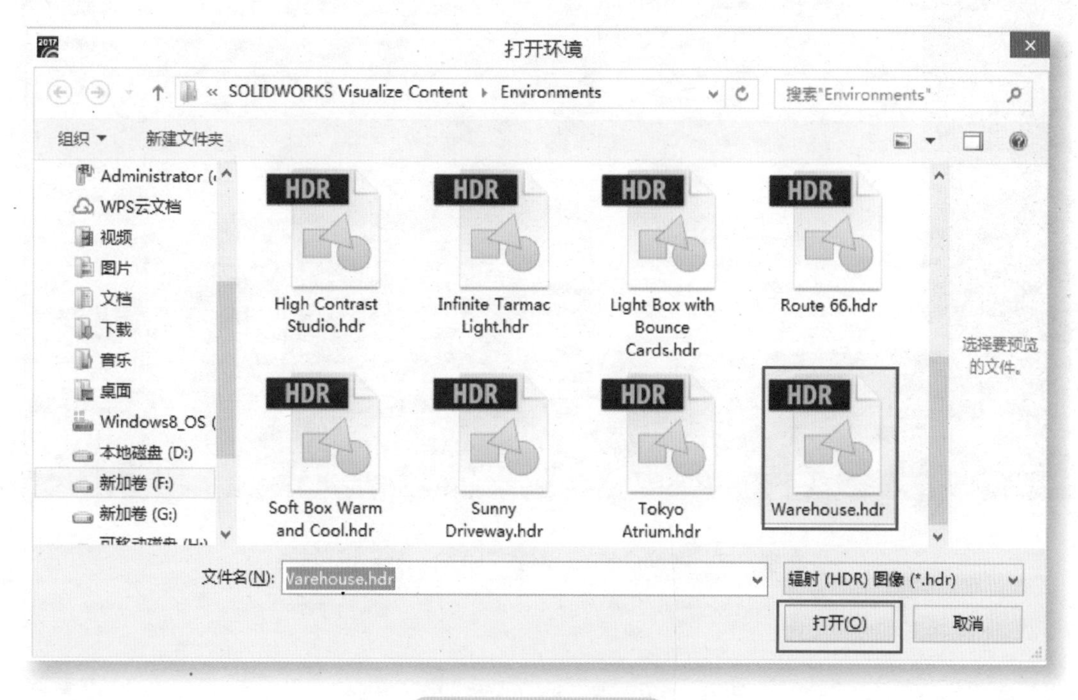

图 6-5　HDR 环境库

3）打开环境后，选择 HDR Light Studio，单击【HDR Light Studio 编辑】，如图 6-6 所示。

图 6-6　HDR Light Studio 编辑参数

4）在 HDR Light Studio 中调整，如图 6-7、图 6-8 所示（需提前安装 HDR Light Studio）。

图 6-7　在 Visualize 中打开 HDR Light Studio

图 6-8　HDR Light Studio 面板

5）新建 HDR 环境后，Visualize 就会自动打开灯光制作工具，之后所有的灯光调试都能够直接反馈到 Visualize 中即时渲染。

6.1.3　HDR Light Studio 灯光布置应用实例

1）启动 SOLIDWORKS Visualize，在项目面板（见图 6-9）中打开项目“手镯 .svpj”，如图 6-10 所示。

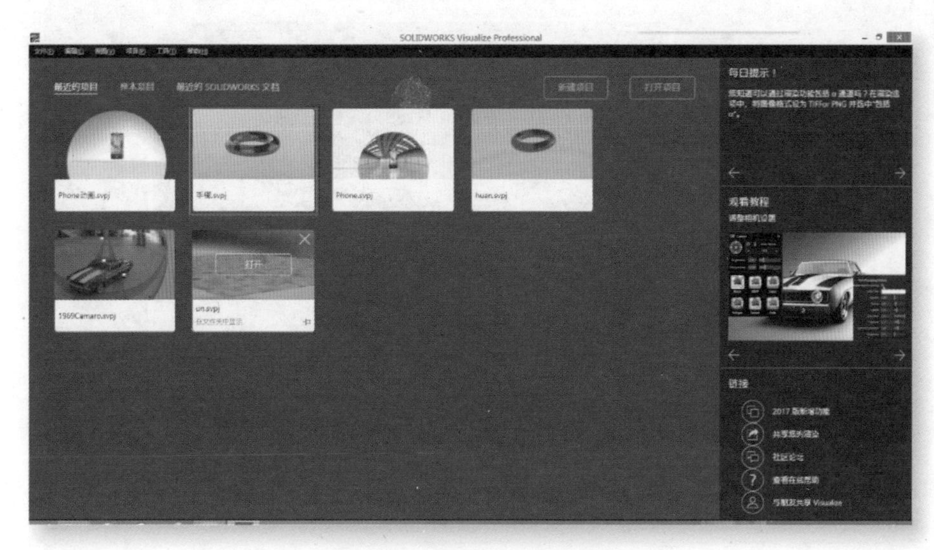

图 6-9　Visualize 项目面板

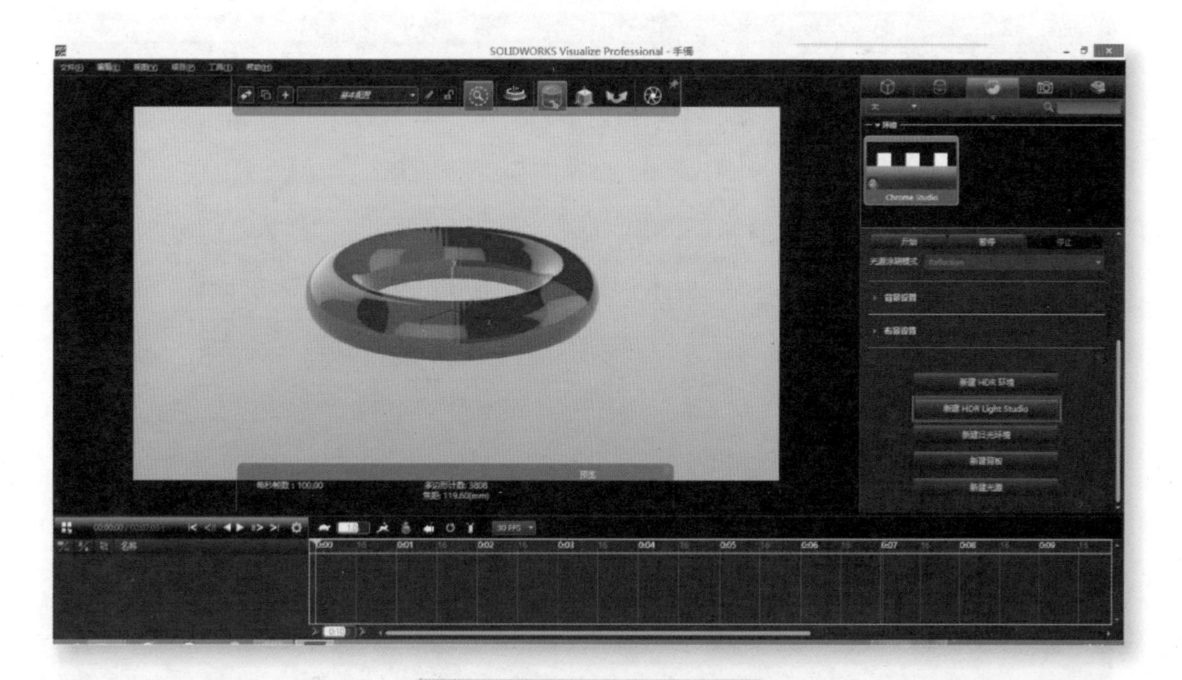

图 6-10　打开项目“手镯 .svpj”

2）打开项目后，在布景面板功能区单击【新建 HDR Light Studio】，打开 HDR Light Studio 面板，如图 6-11 所示。

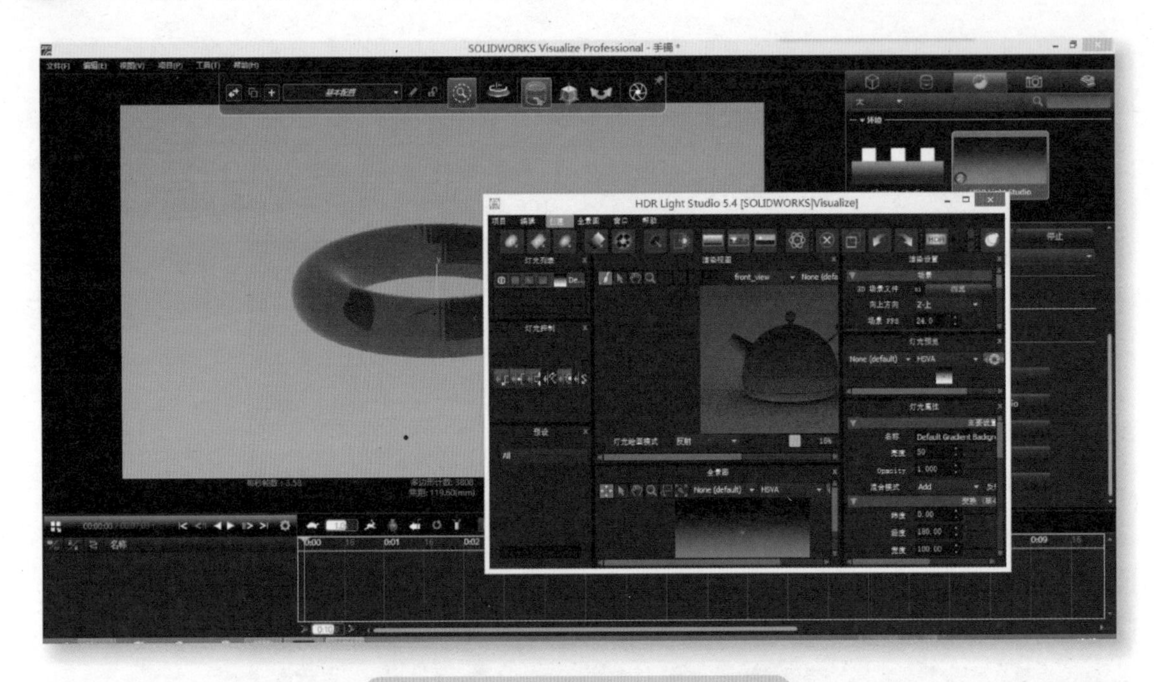

图 6-11　打开 HDR Light Studio 面板

3）在 HDR Light Studio 面板新建矩形灯，在全景图面板将矩形灯拖到右上角，如图 6-12 所示。

图 6-12　在 HDR Light Studio 中设置灯光

4）打开矩形灯的属性面板，在主要灯光属性中，将灯光亮度设为“200”，如图 6-13、图 6-14 所示。亮度数值越大，灯光亮度越强。

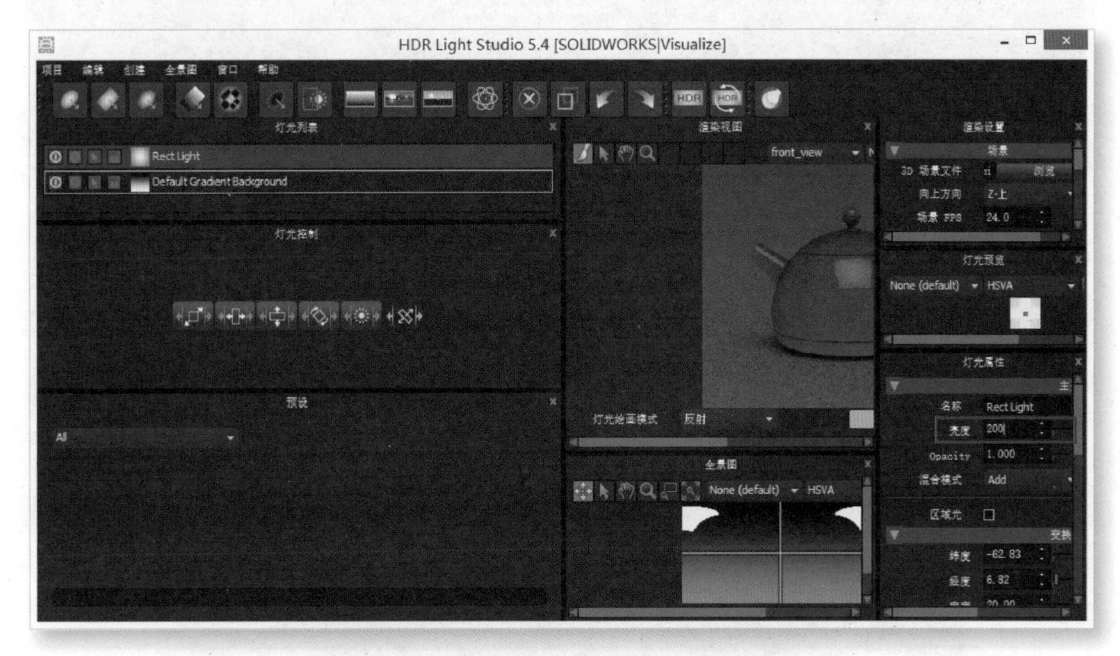

图 6-13 在 HDR Light Studio 设置灯光亮度

灯光属性
主要设置
名称 Rect Light
亮度 200
Opacity 1.000
混合模式 Add 反转 保持 Alpha
区域光

图 6-14 HDR Light Studio 中的“灯光属性”面板

亮度为“200”时，在 SOLIDWORKS Visualize 中的效果如图 6-15 所示。

5）矩形灯的灯光在场景中感觉太生硬，位置和范围都感觉不对劲，在 HDR Light Studio 中调整交换（核心）模块中的纬度、经度、宽度、高度以及 Rotation（旋转）的数值，如图 6-16 所示，参数调整规律见表 6-1。

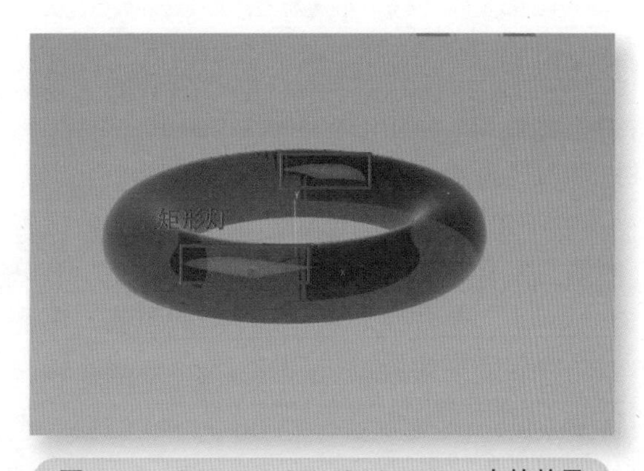

图 6-15 SOLIDWORKS Visualize 中的效果

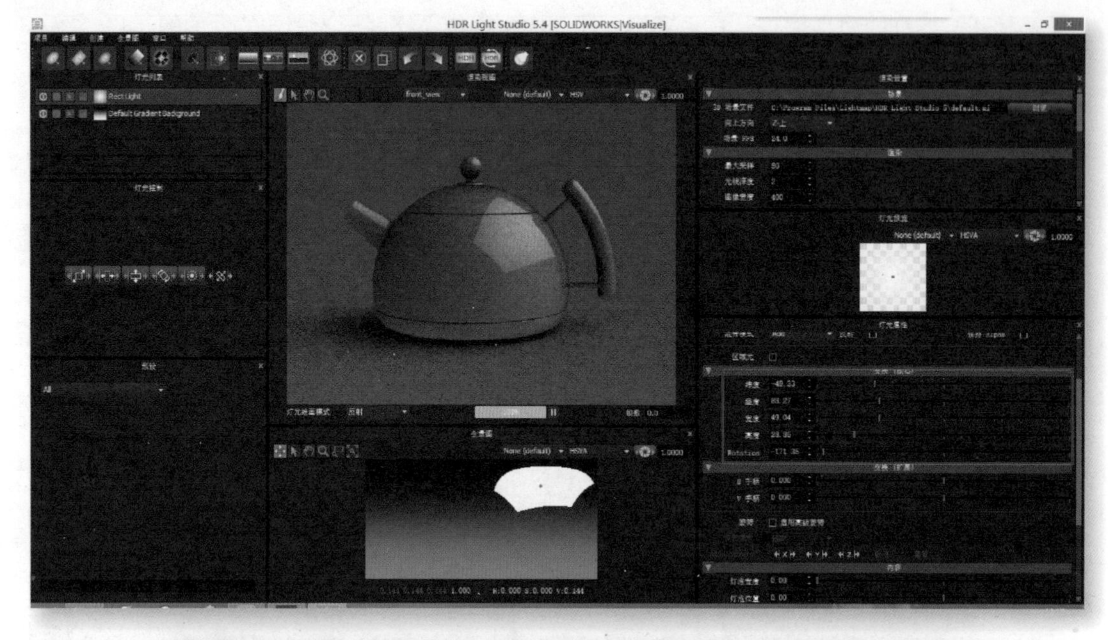

图 6-16　在 HDR Light Studio 中调整灯光

表 6-1　参数调整规律

参数	调整规律
纬度	灯光反映在模型上的高度。数值越小，位置越高；数值越大，位置越低
经度	灯光反映在模型上的左右位置。数值大，向左移动；数值小，向右移动
宽度	反映在模型上的灯光左右之间的距离。数值越大，灯光倒影左右之间距离越大
高度	反映在模型上的灯光上下之间的距离。数值越大，灯光倒影上下距离越大
Rotation（旋转）	灯光倒影在模型上自我旋转。数值越大，向右逆时针旋转；数值越小，向左顺时针旋转

调整后，手环的表面可以明显看到被灯光提亮的整体效果，SOLIDWORKS Visualize 中的效果如图 6-17 所示。

图 6-17　调整灯光后的效果图

6）灯光反映在物体表面，所以灯光在物体上的颜色实际上会偏向物体颜色一些，在 HDR Light Studio，可以改变一下矩形灯的颜色，让整个画面看起来更和谐。在 HDR Light Studio 属性面板的“内容”模块，改变矩形灯光的颜色，如图 6-18、图 6-19 所示。

图 6-18　HDR Light Studio 属性面板的“内容”模块

图 6-19　在 HDR Light Studio 中改变灯光颜色

调整好颜色后，在 SOLIDWORKS Visualize 中的效果显示如图 6-20 所示。

7）从效果图可以看出灯光效果还是有些生硬，在 HDR Light Studio 中的灯光属性面板“主要设置”模块，改变灯光的混合模式，将灯光混合模式改为叠加，如图 6-21 所示。

图 6-20　调整颜色后的效果

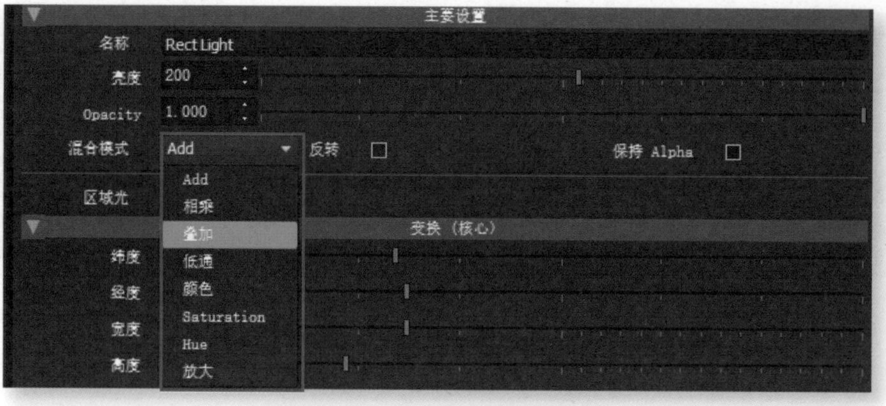

主要设置
名称 Rect Light
亮度 200
Opacity 1.000
混合模式 Add 反转 保持 Alpha
区域光
Add
相乘
叠加
低通
颜色
Saturation
Hue
放大
变换（核心）
纬度
经度
宽度
高度

图 6-21 改变灯光混合模式

SOLIDWORKS Visualize 中的效果如图 6-22 所示，可以看出灯光柔和了很多。

8）回到 SOLIDWORKS Visualize 中，可以看到面板中的内容随着在 HDR Light Studio 变化而变化，如图 6-23 所示。接着用快照（快捷键【Ctrl+P】）保存图片效果。

图 6-22 灯光叠加后的效果

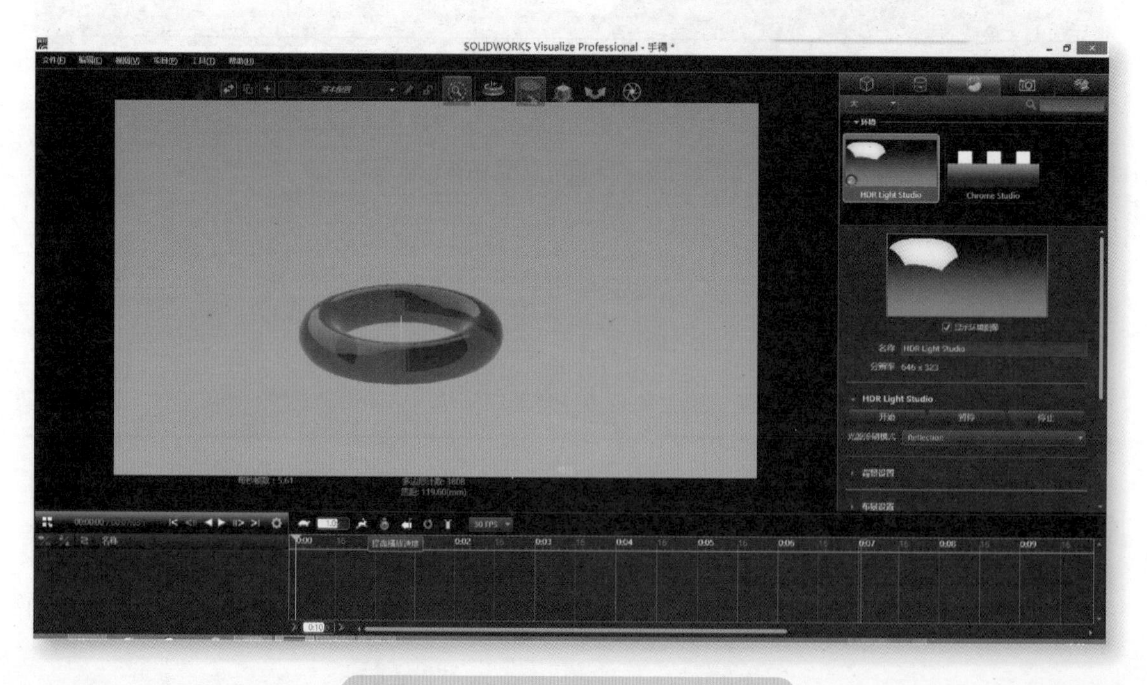

图 6-23 SOLIDWORKS Visualize 面板

快照图片效果如图 6-24 所示。

注：使用快照快捷键为【Ctrl+P】，将画面快速地保存在“image”文件夹中。快照可以快速浏览图片的效果，但是图片精度不高。

图 6-24　快照图片效果

6.2　SOLIDWORKS Visualize 中 HDR 环境参数详解

环境参数与灯光

在 SOLIDWORKS Visualize 中打开样本项目“phone.svpj”，如图 6-25 所示。在环境中导入 HDR 环境 Warehouse.hdr，可以在参数面板中看到其参数设置。

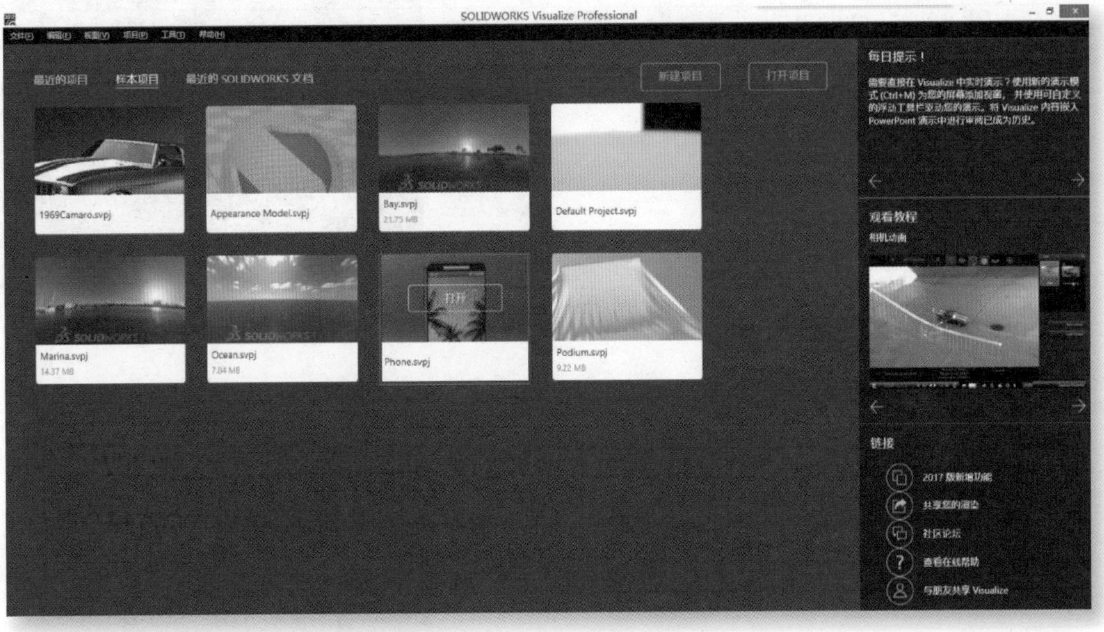

图 6-25　打开样本项目

切换到“布景”面板，查看参数设置，如图 6-26 所示。

图 6-26　查看参数设置

参数面板主要分为四部分，如图 6-27 所示。

参数设置面板如图 6-28 所示。

在 HDR Light Studio 中同步设置参数，如图 6-29 所示。单击【开始】，打开 HDR Light Studio，【暂停】用于暂停在 HDR Light Studio 中的灯光效果，【停止】用于关闭 HDR Light Studio。

背景设置参数面板如图 6-30 所示。

1）平展地板。平展地板，关闭地板画面的拉伸感，如图 6-31 所示。

图 6-27　HDR 参数面板

图 6-28　HDR 参数设置面板

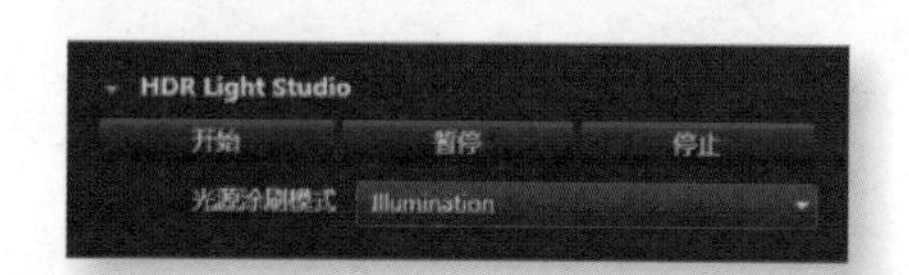

图 6-29　HDR Light Studio 同步参数设置

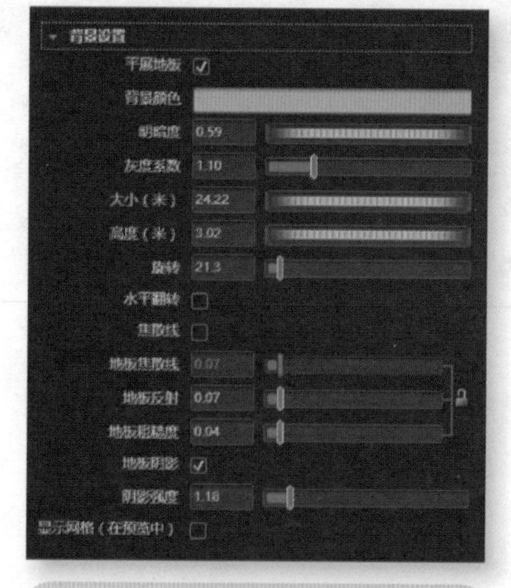

图 6-30　HDR 背景设置参数面板

图 6-31　平展地板设置

2）背景颜色。在这里可以选择拾色器更改环境的背景颜色，如图 6-32 所示。

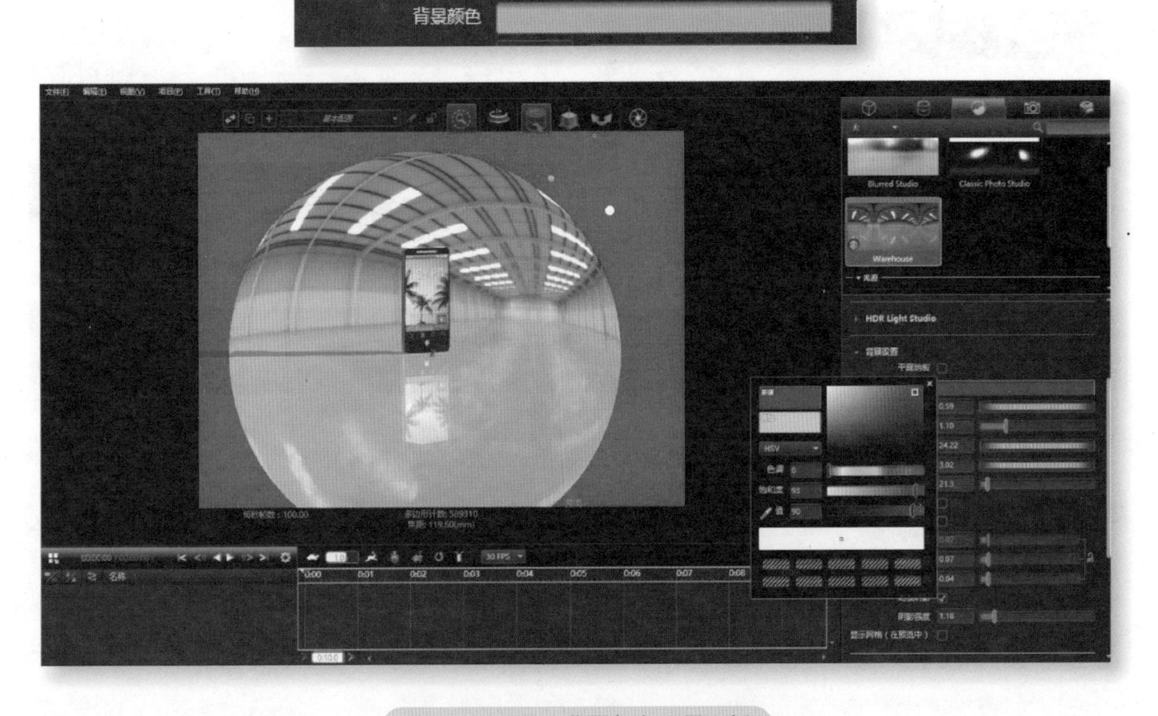

图 6-32　HDR 背景颜色设置面板

3）明暗度。调整画面的明暗程度。数值越大，明度越高；数值越低，暗度越高。

4）灰度。调整画面的灰度。和明暗度不一样，明暗度调整的是整个画面的明亮和黑暗度，亮度或暗度过高都会导致整个画面变白或者变黑。而调整灰度只是调整画面的黑白对比程度。

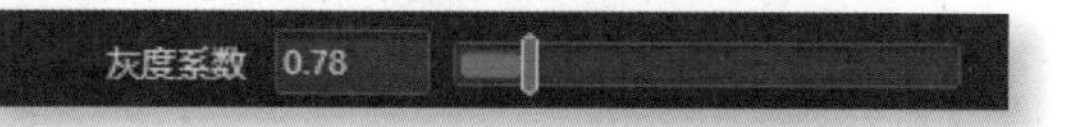

5）大小。大小也就是环境半径，在不改变模型对象的情况下，调整环境图像的大小。

6）高度。上移或者下移环境图像。

7）旋转。旋转环境图像。

8）水平翻转。水平翻转环境。

9）焦散线。确定地板焦散线水平。

10）地板反射 / 地板粗糙度。

11）地板阴影。模型在地板上形成的阴影效果如图 6-33 所示。

图 6-33　阴影效果

12）显示网格。显示地板位置（禁用地面跟踪时在地板上显示 / 隐藏网格）。

13）布景设置（只影响脱机渲染）。

6.3　在 SOLIDWORKS Visualize 中新建灯光

6.3.1　新建光源

1）打开样本项目“phone.svpj”，在“布景”面板中单击参数面板，单击【新建光源】，如图 6-34 所示。

图 6-34　新建光源

2）可以使用移动工具改变光源的位置，如图 6-35、图 6-36 所示。

图 6-35　移动灯光（1）

注：光源参数面板详解见表 6-2，光源参数面板如图 6-37 所示。

图 6-36　移动灯光（2）

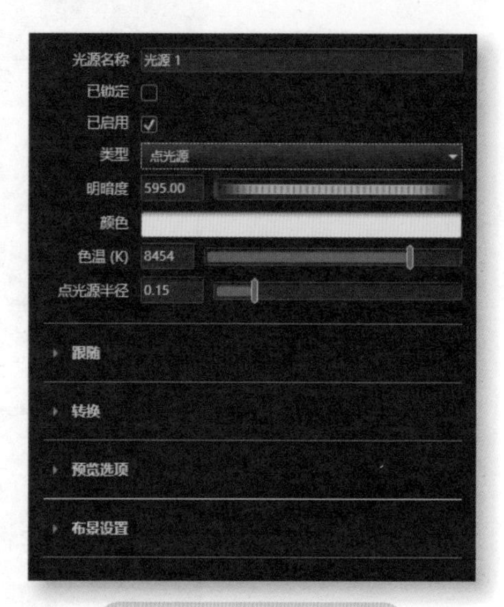

图 6-37　光源参数面板

表 6-2　光源参数详解

参　数	定　义
光源名称	修改光源的名称，方便备注
已锁定 / 已启用	勾选【已锁定】，将无法编辑光源参数；勾选【已启用】，将可以编辑光源
类型	选择光源类型，有点光源、定向光源和聚光源三个选项
明暗度	数值越大，灯光效果越亮；数值越小，灯光效果越弱
颜色	单击【颜色】选框，可以更改灯光颜色
色温	光源色温，数值越低，色温偏向红色；数值越高，色温偏向蓝色
点光源半径	光源的半径值
跟随	设置光源运动的跟随模型和目标模型
转换	设置光源的 X、Y、Z 坐标，更改光源位置
预览选项	预览时是否表现灯光阴影
布景设置	是否在内部渲染，结果只影响脱机渲染

6.3.2　新建日光环境

SOLIDWORKS Visualize 中还可以新建日光环境，也就是模拟现实中的太阳光。新建方法和新建光源一样，在布景参数面板中单击【新建日光环境】，如图 6-38 所示。

日光环境是模拟现实中的太阳光线的，所以太阳光的朝夕变化、一年四季之分在 SOLIDWORKS Visualize 中都可以设置。新建日光环境后，在日光环境面板参数中对位置进行设置，面板如图 6-39 所示。

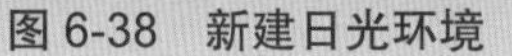
图 6-38　新建日光环境

图 6-39　设置面板

单击【位置、时间和日期】，跳出太阳光设置窗口，设置对应环境和模型的太阳光，如图 6-40 所示。

直接单击面板中地球上的纬度线和经度线，可以改变太阳在环境中的高度，也就是地理中所说的太阳高度角，如图 6-41 所示。

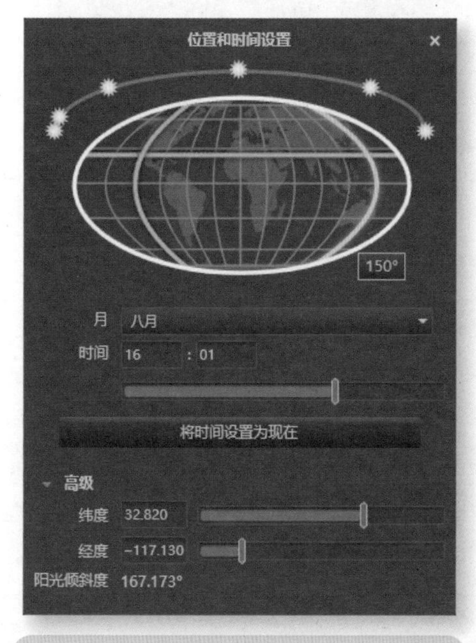

图 6-40　设置对应环境和模型的太阳光

图 6-41　设置太阳光高度角

可以在月份选项中选择月份，更改后太阳的大小和位置以及太阳高度角都会随着变化，模拟现实中八月份的太阳光，如图 6-42 所示。

一天之中每个时段的太阳光也是不同的，在 Visualize 中，还可以通过直接设置时间来改变太阳的位置。可以直接单击数据进行更改，也可以拖动滑块修改时间，还可以直接单击【将时间设置为现在】，Visualize 会读取计算机的时间自动设置此时的太阳光参数，如图 6-43 所示。

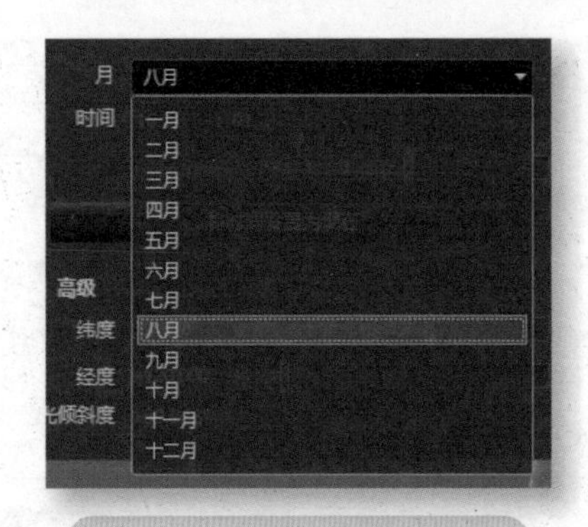

图 6-42　设置太阳光的月份

图 6-43　设置太阳光时间面板

在高级选项中，可以直接单击经度、纬度以及太阳光倾斜度设置太阳的高度和阳光照射的角度，如图 6-44 所示。

日光环境下日光设置的模块可以设置日光基本参数，如图 6-45 所示。表 6-3 所列为日光环境参数详解。

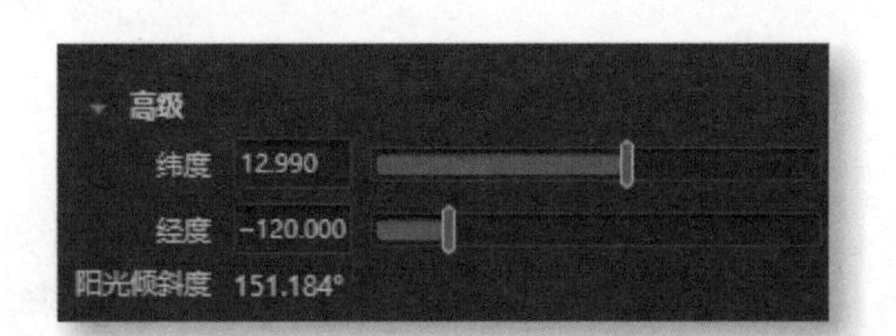

图 6-44　太阳光高级设置

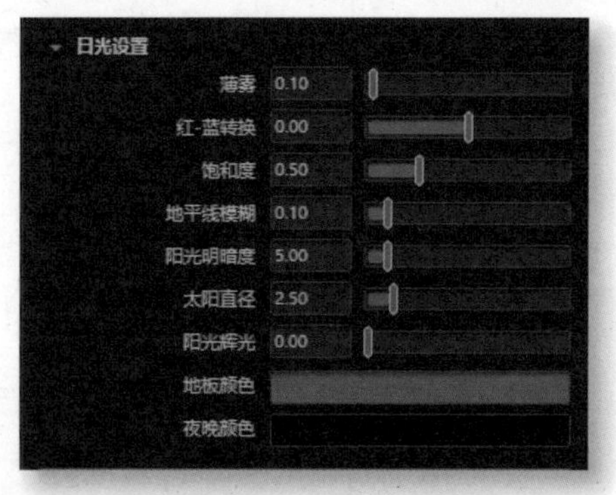

图 6-45　日光基本参数

表 6-3　日光环境参数详解

参　数	详　解
薄雾	增大环境薄雾的高度
红—蓝转换	切换环境光源的颜色
饱和度	增大环境颜色的色彩度
地平线模糊	数值越大，地平线越模糊
阳光明暗度	太阳发射出的光源的明暗度，数值越大，太阳光越强
太阳直径	增大太阳的大小
太阳辉光	数值越大，阳光越模糊
地板颜色	设置环境地板的颜色
夜晚颜色	设置夜晚环境的颜色

日光环境下背景设置的模块可以设置背景基本参数，如图 6-46 所示。表 6-4 所列为日光环境背景参数详解。

图 6-46　日光环境背景参数

表 6-4　日光环境背景参数详解

参　数	详　解
平展地板	勾选该选项可以取消环境对地板的拉伸效果，让地板保持正常视角
背景颜色	更改背景颜色
明暗度	更改环境明暗度。数值越大，环境越亮
大小	更改环境的大小
旋转	旋转环境图像
焦散线	增强的渲染可提供非常详细的焦散线
地板焦散线	确定地板焦散线的水平
地板反射	增大地面的光泽度
地板粗糙度	增大地面的粗糙度
地板阴影	切换地板阴影开 / 关
显示网格（在预览中）	地面上的网格，禁用地面跟踪时显示
地板下面的等外材（预览）	对画面无实际影响，只在预览中有作用

布景设置，是否在内部渲染，结果只影响脱机渲染，如图 6-47 所示。

图 6-47　日光环境布景设置

第7章 相机与动画

7

学习目标

1. 了解相机的基本概念。
2. 熟悉相机的新建与参数修改。
3. 熟悉动画的制作流程。

对专业渲染软件而言，相机画面的作用相当重要。在一张渲染图中能看到哪些画面内容，可以通过设置相机来决定。相机设置得好，可以很好地掩盖模型的缺陷以及场景的不足。

对于三维软件来说，动画是一个很重要的输出方式。动画的镜头对于动画来说尤为重要，而动画的镜头取决于相机。

7.1 相机基础

相机基础

相机是一种利用光学成像原理形成影像并使用底片记录影像的设备，是用于摄影的光学器械。随着科技发展，相机已经不单纯是实体相机，很多三维软件为了更方便地记录下实体图像，大都带有虚拟相机。SOLIDWORKS Visualize 中的相机可以模拟现实相机中的绝大部分功能，在 SOLIDWORKS Visualize 中，可以通过调整相机的位置、大小、距离、焦距、景深等参数达到完美的视觉效果。

7.1.1 如何新建相机

方法一：

1）首先打开 SOLIDWORKS Visualize（见图 7-1），打开一个项目。也可以创建一个项目添加相机，在这里直接打开一个已有的项目。

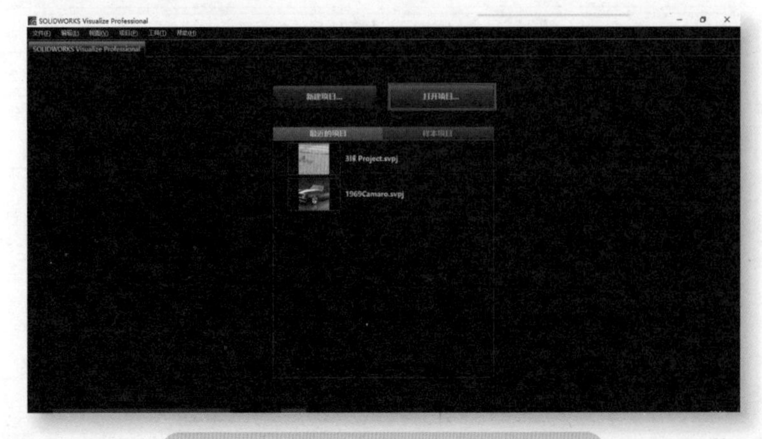

图 7-1 打开 SOLIDWORKS Visualize

2）选择所需打开的项目，单击【打开】，如图 7-2 所示。

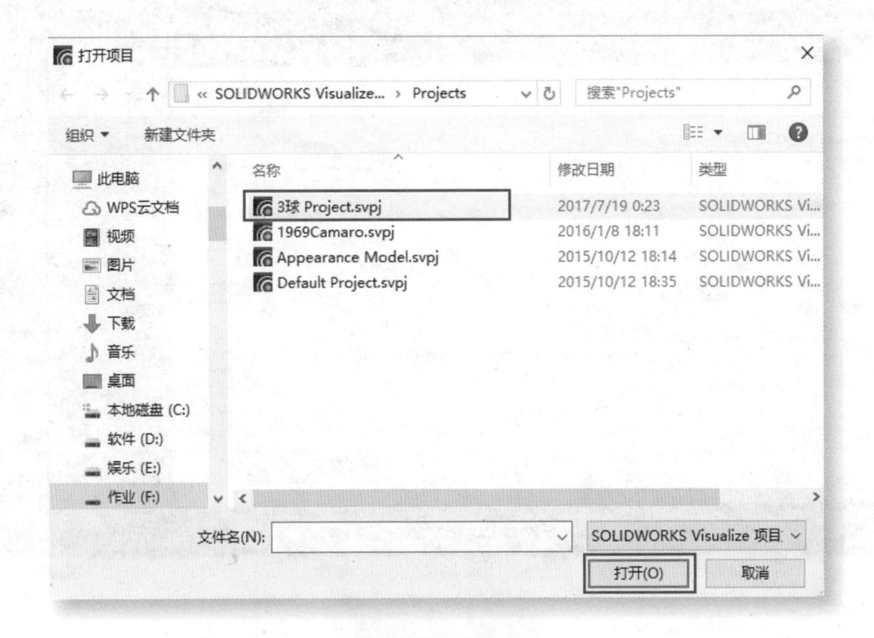

图 7-2　打开项目

3）打开后单击右上侧工具栏中的“相机” 选项卡，如图 7-3 所示。

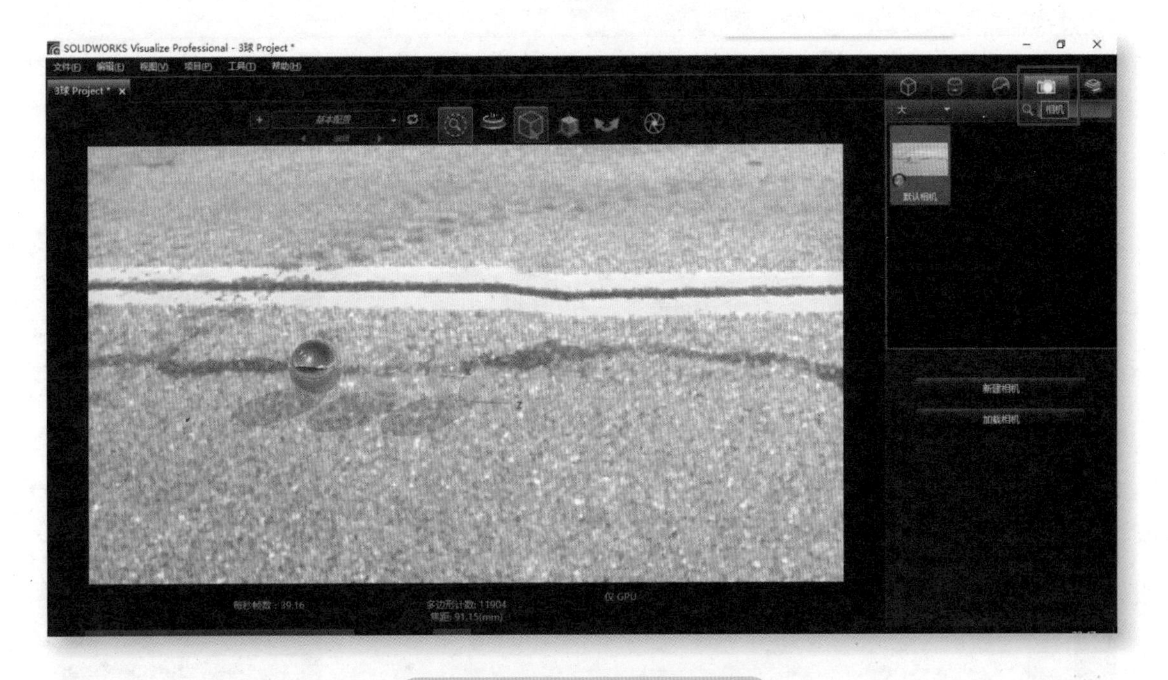

图 7-3　Visualize 面板——相机

4）在相机栏目内空白处单击鼠标右键，在弹出的菜单中单击【新建相机】，如图 7-4 所示。

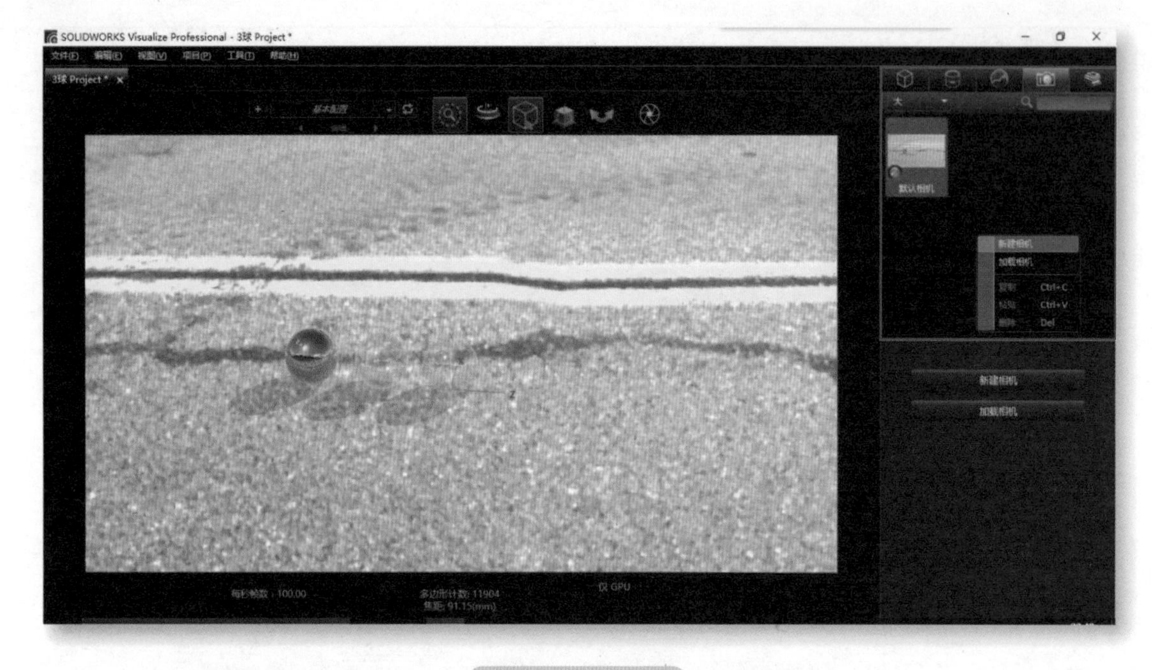

图 7-4　新建相机

5）相机创建完，选择新建的相机后可以在下方的相机参数中进行相机参数的调整，以得到想要的画面效果。

方法二：

打开相机面板，选中任一已存在的相机，在其下方的参数属性栏里将滚轮向下滑动，可以看到【新建相机】按钮，同样可以新建相机，如图 7-5 所示。

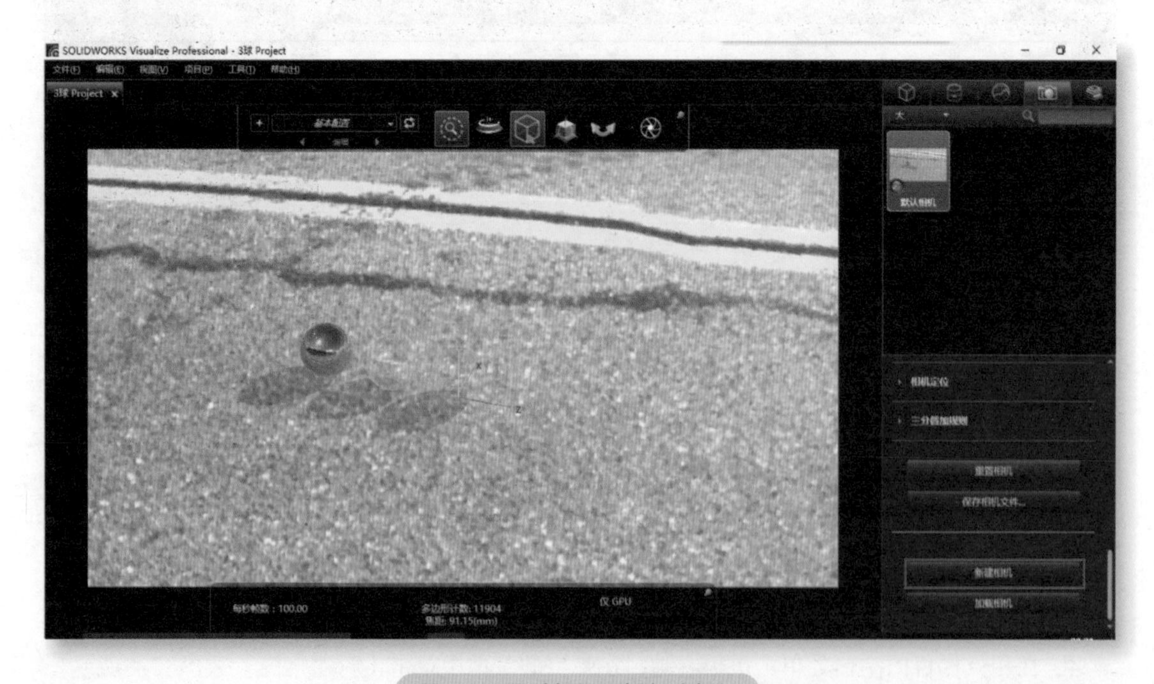

图 7-5　通过相机面板新建相机

方法三：

1）单击顶部菜单栏【项目】/【相机】/【新建相机】，如图 7-6 所示。

2）创建相机后可以在右上方的工具栏里编辑相机，设置相机参数调整画面效果。

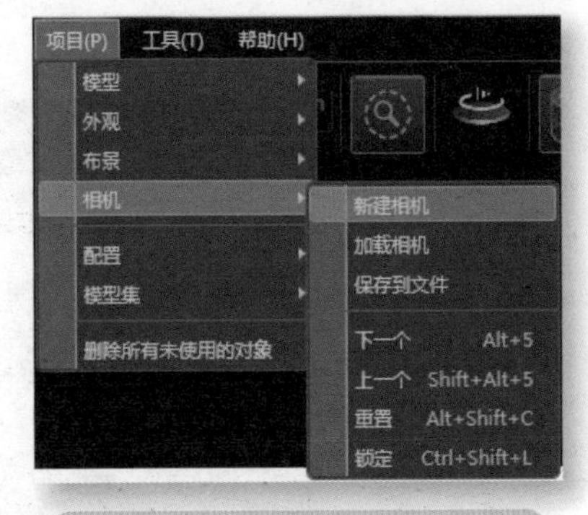

图 7-6 菜单中的【新建相机】

7.1.2 相机工具

打开项目，在画面上方的工具栏可以看到相机工具，如图 7-7 所示。

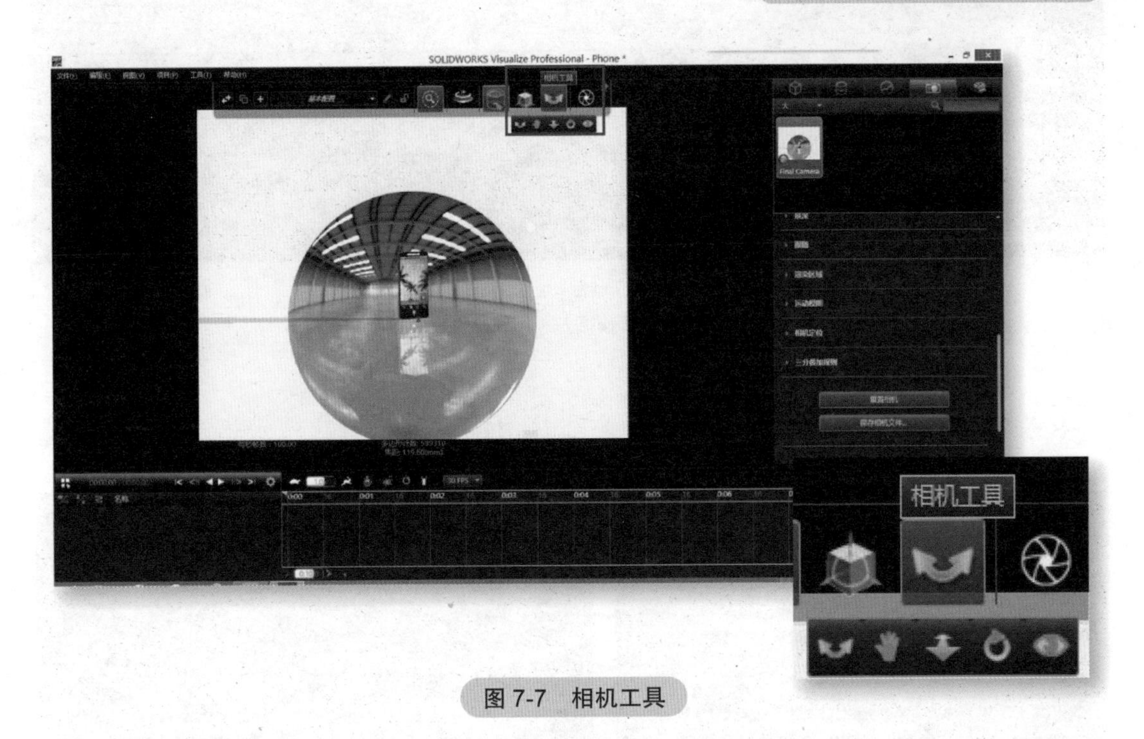

图 7-7 相机工具

相机工具包括旋转、平移、缩放、扭转、观察等工具，见表 7-1。

表 7-1 相机工具参数

旋转	在画面中旋转相机，改变的是相机镜头内容
平移	在画面中平移相机
缩放	在画面中缩放相机
扭转	相机自我扭转，不改变相机镜头内容，在相机位置顺时针或者逆时针旋转相机
观察	观察工具，在画面中可以框选需要观察的部分，框选后相机会放大被观察部分

7.1.3 相机参数详解

打开一个项目，在右上角的选项卡中选择相机。单击任一相机，在下方会出现当前相机的参数设置面板，相机的相关参数均在此面板中进行设置，如图 7-8 所示。

图 7-8 相机参数设置

相机参数设置面板如图 7-9 所示。表 7-2 所列为相机基本参数详解。

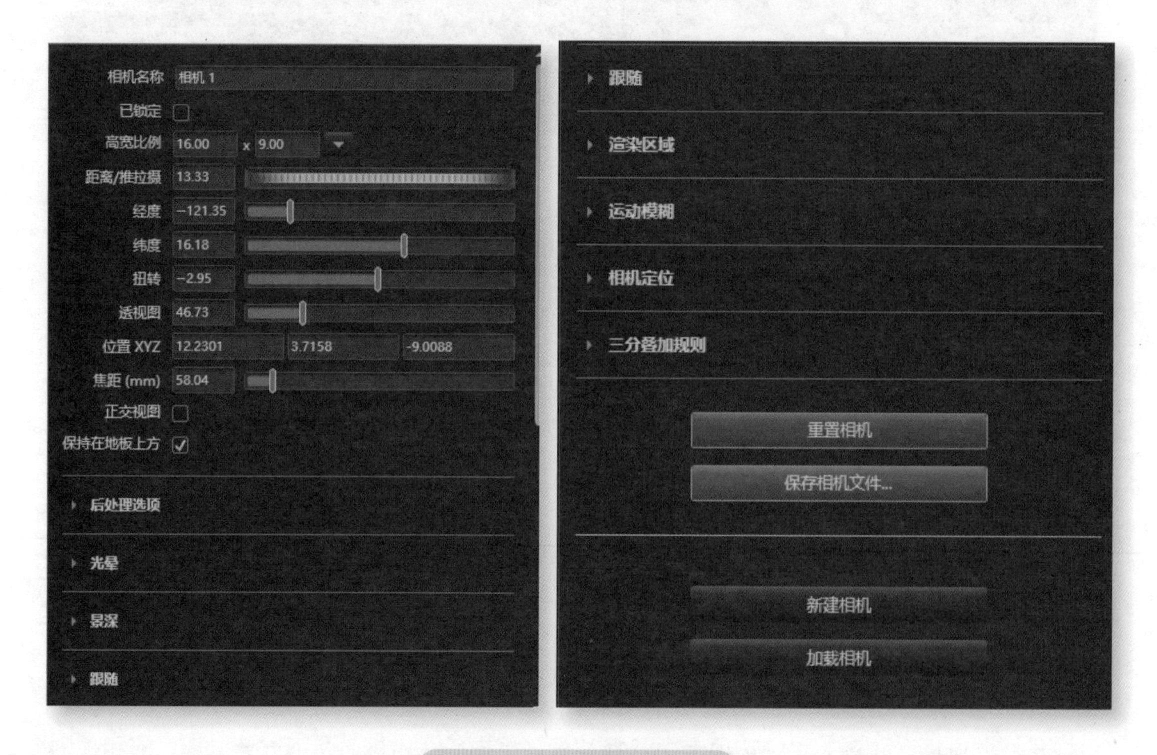

图 7-9 相机参数设置面板

1）相机基本参数介绍。

表 7-2　相机基本参数详解

相机名称 相机 1	相机名称：可以编辑相机命名
已锁定	锁定相机：相机的各项参数数值变灰，无法编辑
高宽比例 16.00 x 9.00 类别 普通 Square 1:1 35mm 3:2 TV 4:3 HDTV 16:9 Film 1.85:1 Anamorphic 2.35:1	宽高比例：调整相机的大小，也就是整个画面在相机中的可视范围，也可以理解成画面大小
距离/推拉摄 15.45	距离 / 推拉摄：调整相机和项目物体中心的距离
经度 −94.68	经度：绕中心点左右旋转相机
纬度 16.33	纬度：调整相机的角度
扭转 0.00	扭转：扭转相机
透视图 22.42	透视图：更改相机的视野
位置 XYZ 3.0245 5.3006 0.4439	位置：调整相机在整个立体空间的位置
焦距 (mm) 134.52	焦距大小影响相机视角。焦距数值越大，相机视角越小；焦距数值越小，相机视角越大

2）相机后处理选项。这个面板的功能需要勾选【启用后处理】才能调整。后处理选项参数如图 7-10 所示，表 7-3 所列为后处理选项参数详解。

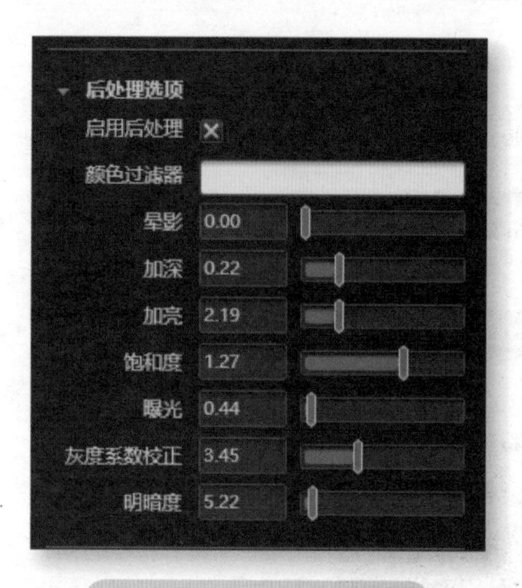

图 7-10　后处理选项参数

表 7-3　后处理选项参数详解

颜色过滤器 拾色器 HSV 色调 0 饱和度 0 值 100	颜色过滤器：可以选取任意颜色来改变相机环境颜色
晕影 0.00	晕影：降低边缘清晰度
加深 0.00	加深：加深环境中的黑色区域
加亮 1.00	加亮：增大图像的曝光
饱和度 1.00	饱和度：更改颜色的饱和度
曝光 1.00	曝光：增加曝光时间
灰度系数校正 2.10	灰度系数较正：调整画面灰白程度
明暗度 1.00	明暗度：调整画面明暗程度

3）光晕。调整光晕的强度、大小和阈值，如图7-11所示（只能在“准确和快速”模式下使用）。

4）景深。景深是相机能够清晰成像所测定的被拍摄物体前后距离范围，相机景深参数如图7-12所示。镜头焦距数值越大，景深越浅；焦距数值越小，景深越深。光圈越大，景深越浅；光圈越小，景深越深。

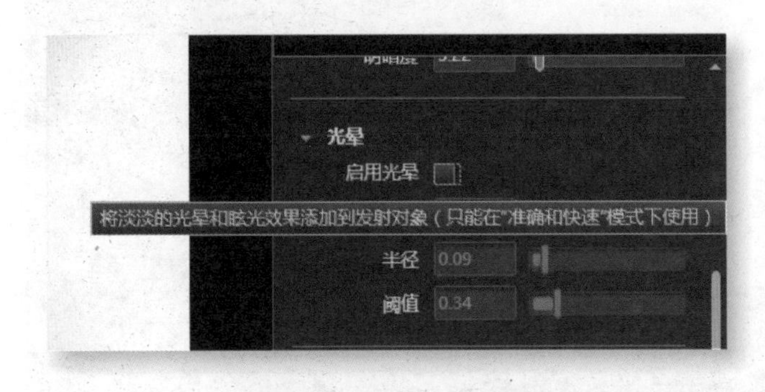

图7-11 相机光晕参数

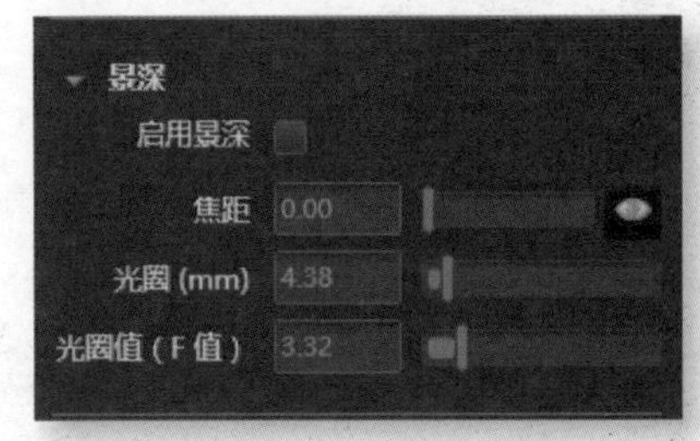

图7-12 相机景深参数

5）跟随。相机跟随物体运动，镜头始终跟随指定的对象，如图7-13所示。

6）渲染区域。选择渲染区域后，调整数值，可以选择渲染画面的大小。也可直接在工作区拖动矩形框边角上的小方块进行区域改变，如图7-14所示。Visualize面板设置渲染区域后的效果如图7-15所示。

图7-13 相机跟随

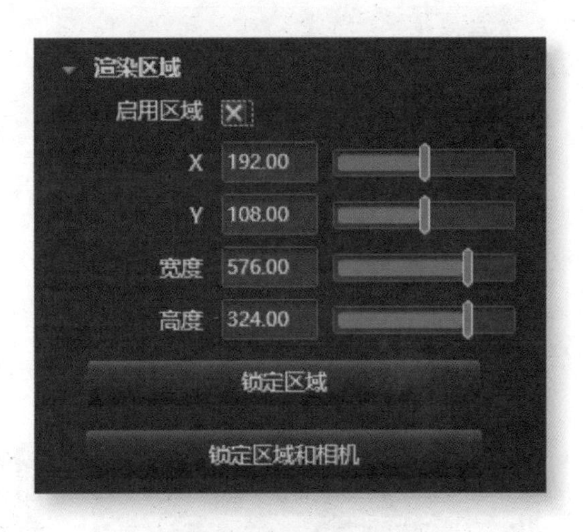

图7-14 渲染区域设置

7）运动模糊。快门数值越小，模糊程度越大；数值越大，模糊越小。运动模糊如图7-16所示。

8）相机定位。调整相机离地板的高度、地板距离以及焦高度，如图7-17所示。

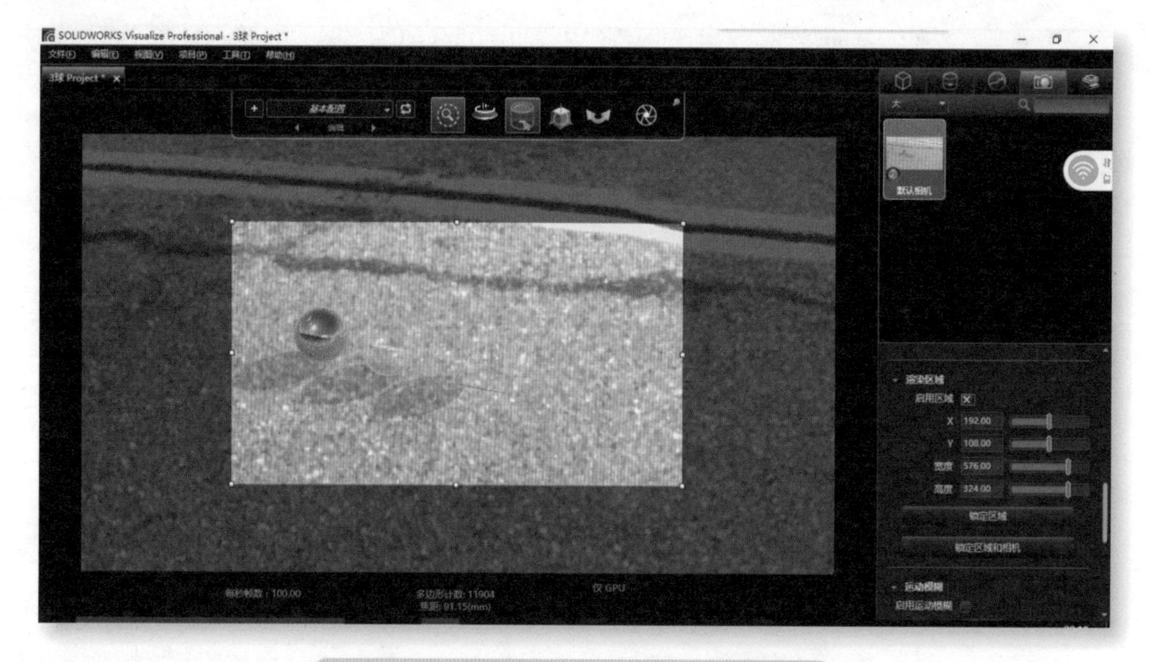

图 7-15　Visualize 面板设置渲染区域后的效果

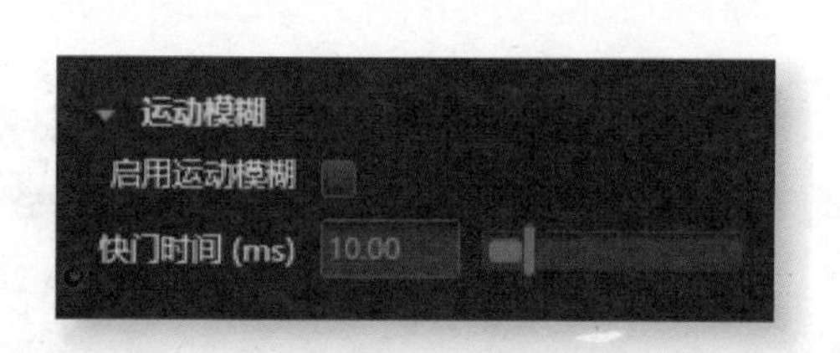

图 7-16　运动模糊

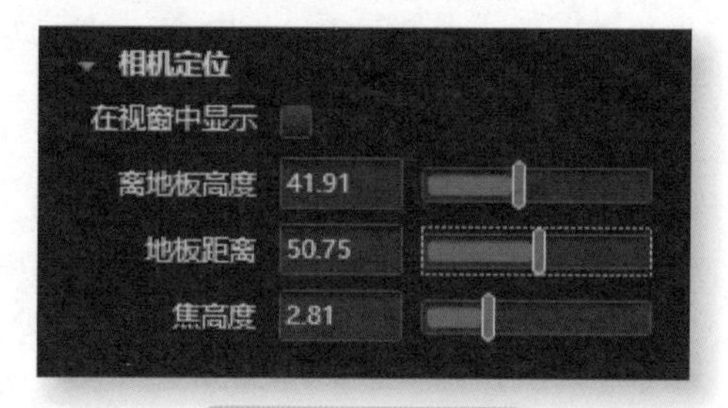

图 7-17　相机定位

9）三分叠加规则。三等分线是为了辅助相机拍摄而存在的。还有四等分线，作用和三等分线一致，只是将画面更加细分了。图 7-18 所示为三分叠加规则参数面板。

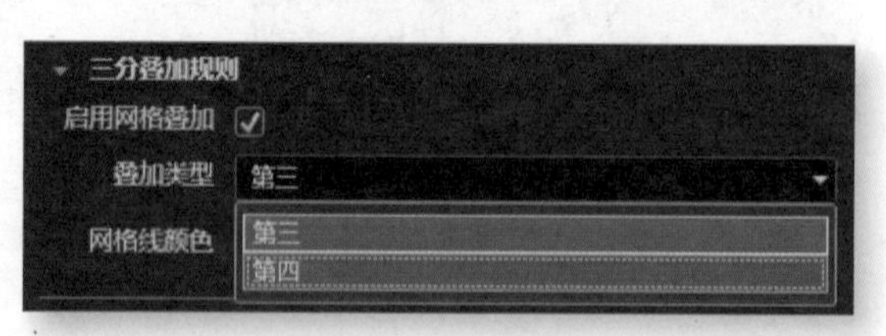

图 7-18　三分叠加规则参数面板

在拍摄过程中，将拍摄物体置于网格线交叉点附近，是最符合黄金比例和最具美态的。图 7-19 所示为画面中的三等分线。

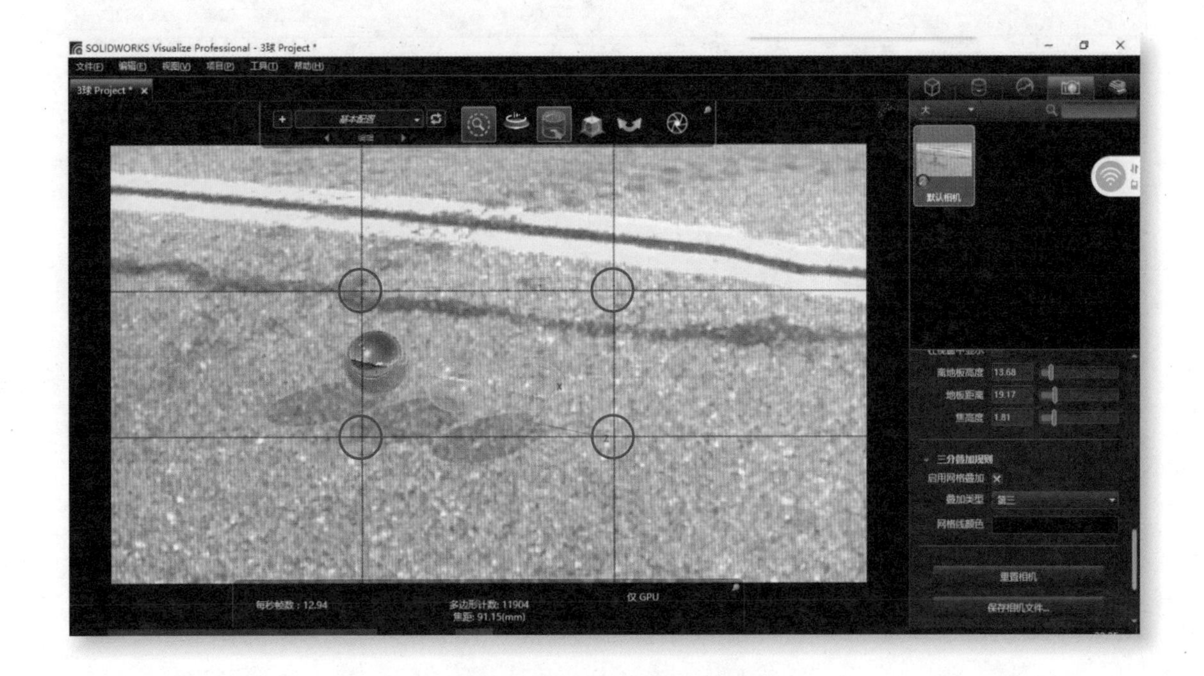

图 7-19 画面中的三等分线

7.2 动画制作流程

动画制作流程

7.2.1 创建动画（添加关键帧）

动画是产品宣传非常重要的一种方式。动画可以很直接地表现出产品的功能、外观，还能在很大程度上体现产品的性能。

动画由单幅影像连接构成，一幅影像相当于一个动作画面，可以简单地理解为电影胶片上的每一格镜头，称一幅影像为一帧。角色或者物体运动或变化中的关键动作所处的那一帧，称为关键帧。在 SOLIDWORKS Visualize 中，整个模型、各个零件、模型或零件组、外观、光源和相机都可以添加关键帧做动画。所以，创建动画的第一步就是添加关键帧。如何调出关键帧面板，添加关键帧呢？

1）打开一个项目，单击【新建相机】，如图 7-20 所示，命名为“相机 1”。可以自行调整相机参数达到自己想要的效果。

2）调出时间轴面板（快捷键为【Ctrl+L】），如图 7-21 所示。帧数设置为“30FPS”（30 帧 / 秒）。

在时间轴面板中（图 7-22），可以看到黄色和红色两条线轴。将黄色标志（当前时间）拖动到下一关键帧的所需时间处，将红色标志（结束时间）拖动到所需结束时间处，从而设置最大可能结束时间。如无法拖动，可将关键帧向后拖，红色标志线会自动后移。动画时间的长短取决于红色标志。

图 7-20　新建相机

图 7-21　调出时间轴面板

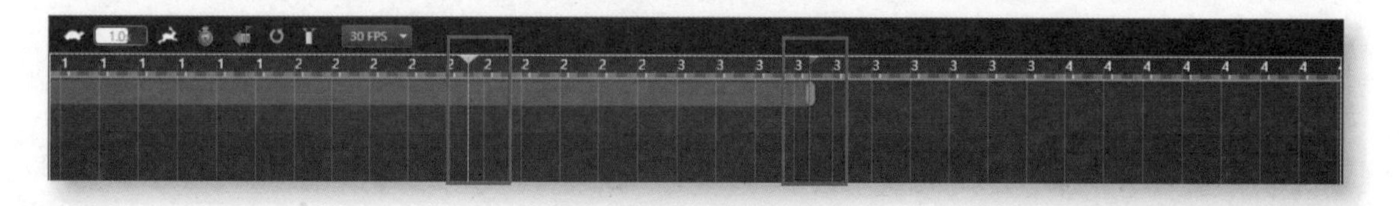

图 7-22　时间轴面板

3）在相机面板中找到“相机 1”，右键单击“相机 1”，在弹出的菜单中单击【添加关键帧】，如图 7-23 所示。也可以选择“相机 1”，按快捷键【Ctrl+Shift+K】来添加关键帧。

图 7-23　添加关键帧

在时间轴面板左侧，可以看到一个钥匙形状的按钮，如图 7-24 所示，可以通过单击该按钮在黄色标志线处添加关键帧。

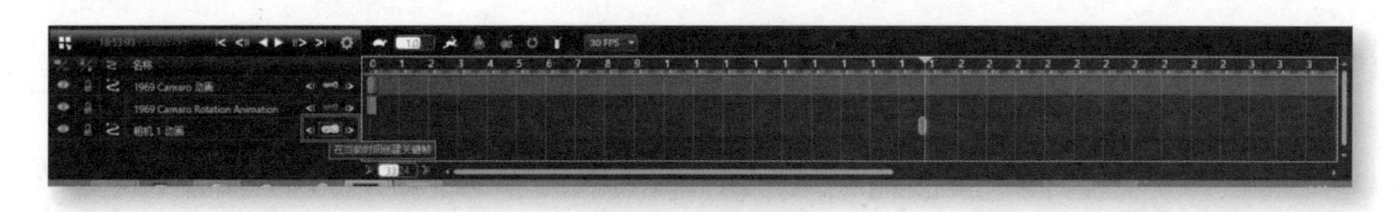

图 7-24　时间轴

4）添加关键帧后可以在时间轴面板中看到“相机 1”，并且在黄色标志处添加了关键帧，如图 7-25 所示。

图 7-25　添加的关键帧

5）删除关键帧。单击时间轴上需要删除的关键帧（当选中关键帧时，关键帧变成发光黄色），按【Delete】键删除关键帧，如图 7-26 所示。

图 7-26　删除关键帧

6）修改关键帧。单击关键帧，前后拖动可以改变关键帧的位置。也可以直接单击关键帧，在相机参数面板里改变相机参数来调整相机在关键帧的效果。

除了添加关键帧外，还可以在相机面板中直接右键单击“相机 1”，如图 7-27 所示，添加旋转动画，如图 7-28 所示。

FREE
相机 1
Route 66
Photo Studio
Bloom Filter
1969 Camaro 动画
1969 Camaro Rotation Animation

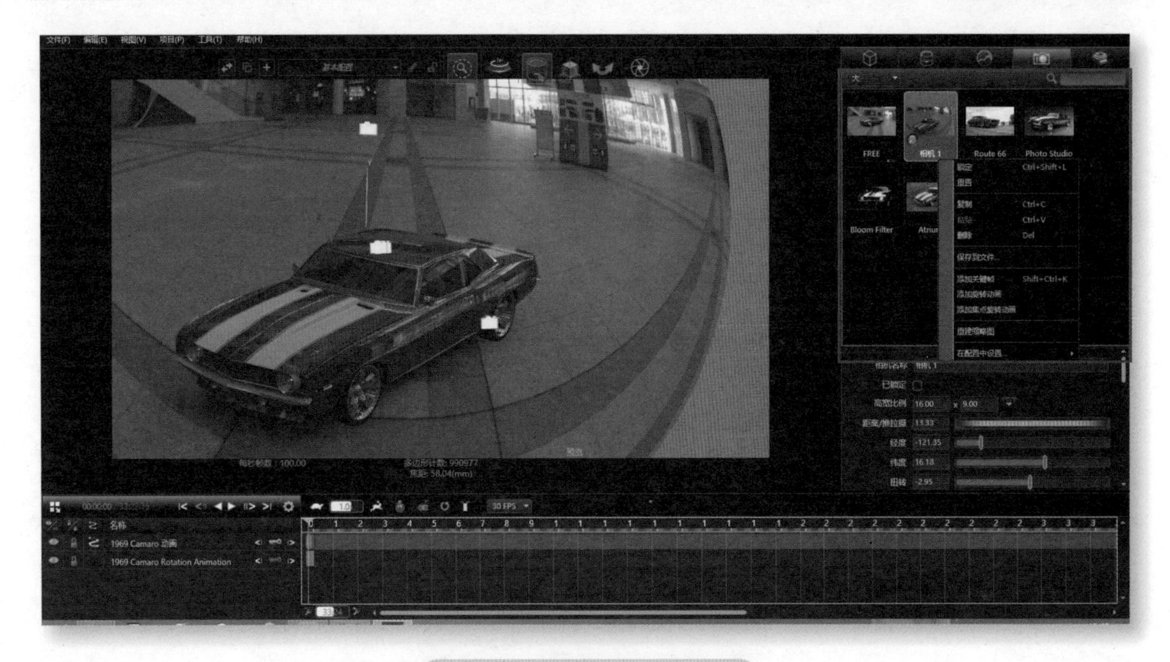

图 7-27 右键单击“相机 1”

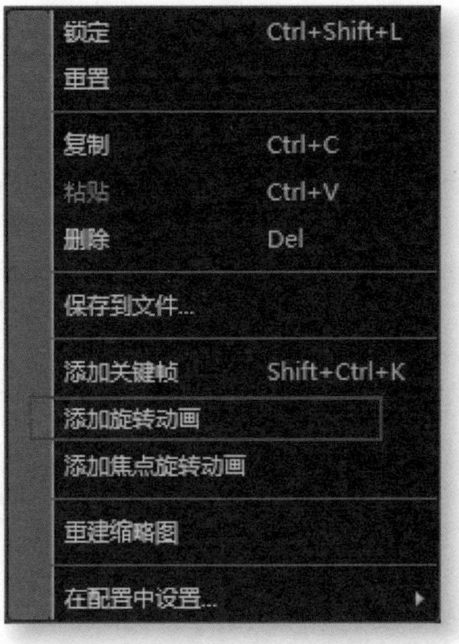

锁定 Ctrl+Shift+L
重置
复制 Ctrl+C
粘贴 Ctrl+V
删除 Del
保存到文件...
添加关键帧 Shift+Ctrl+K
添加旋转动画
添加焦点旋转动画
重建缩略图
在配置中设置...

图 7-28 添加旋转动画

相机添加关键帧的方式同样适用于模型、各个零件、模型或零件组、外观、光源等动画对象。

7.2.2 编辑动画

前面介绍了添加关键帧的方法。关键帧和下一个关键帧之间形成的就是动画。可以通过添加关键帧和调整动画对象的各项参数来控制动画效果。相机的例子如图 7-29 和图 7-30 所示。

调整参数前的画面效果如图 7-29 所示。

图 7-29　调整参数前的画面效果

可以按住【Ctrl+Alt】+ 鼠标中键来调整相机经纬度等参数，如图 7-30 所示。

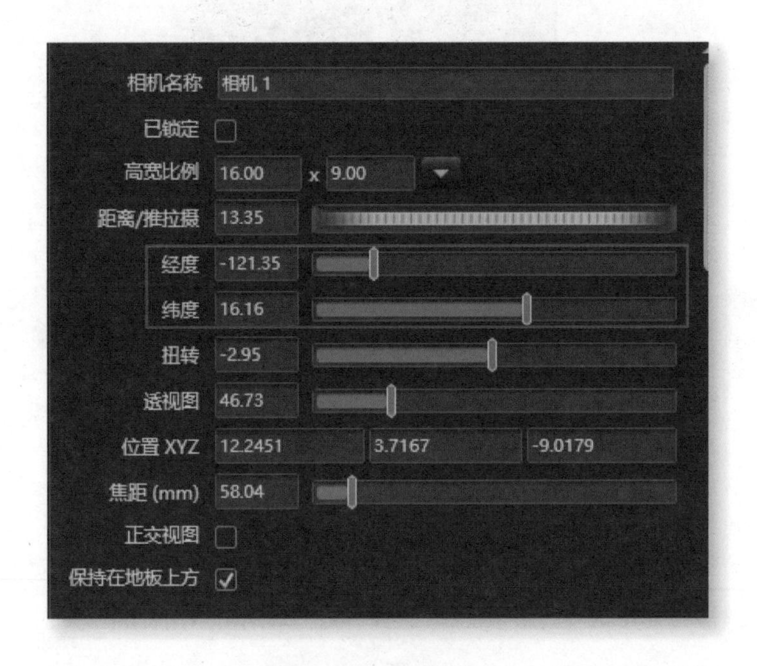

图 7-30　调整参数

可以在动画控制面板中，右键单击动画对象，选择“编辑动画”调出动画特性面板来编辑动画，如图 7-31 所示。

图 7-31　编辑动画

动画特性面板调整的是整个相机动画，调整相机动画的模式、时间、动画特性等，如图 7-32 所示。

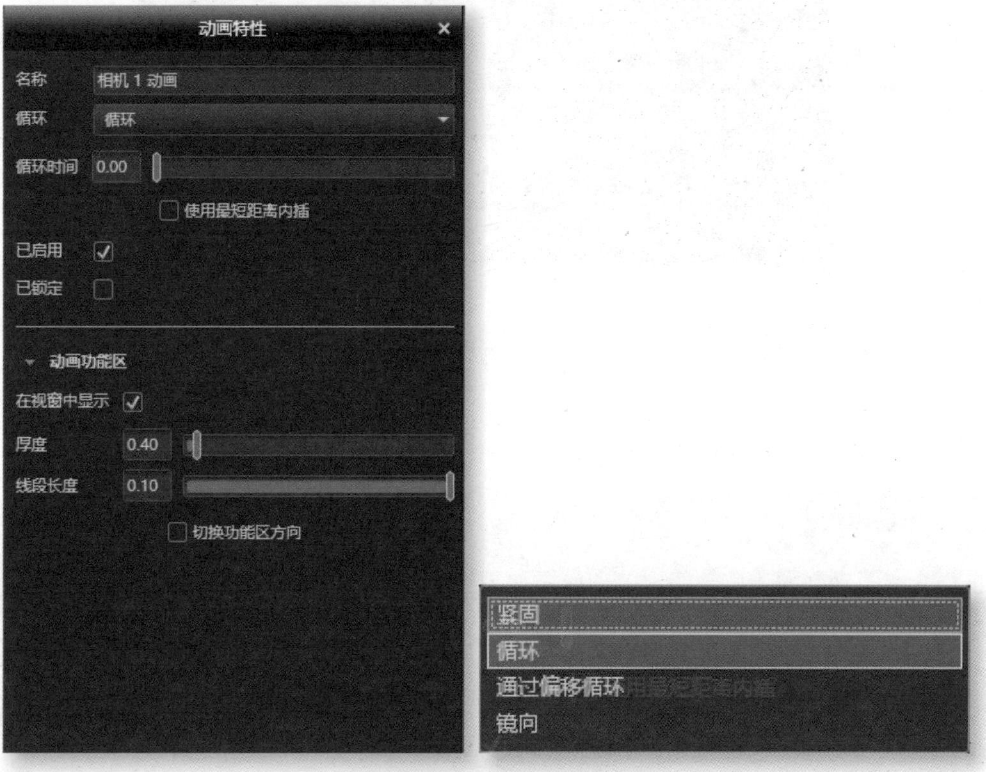

图 7-32　动画特性面板

渲染，按【Ctrl+R】键。跳出渲染面板后选择动画模式，如图 7-33 所示。

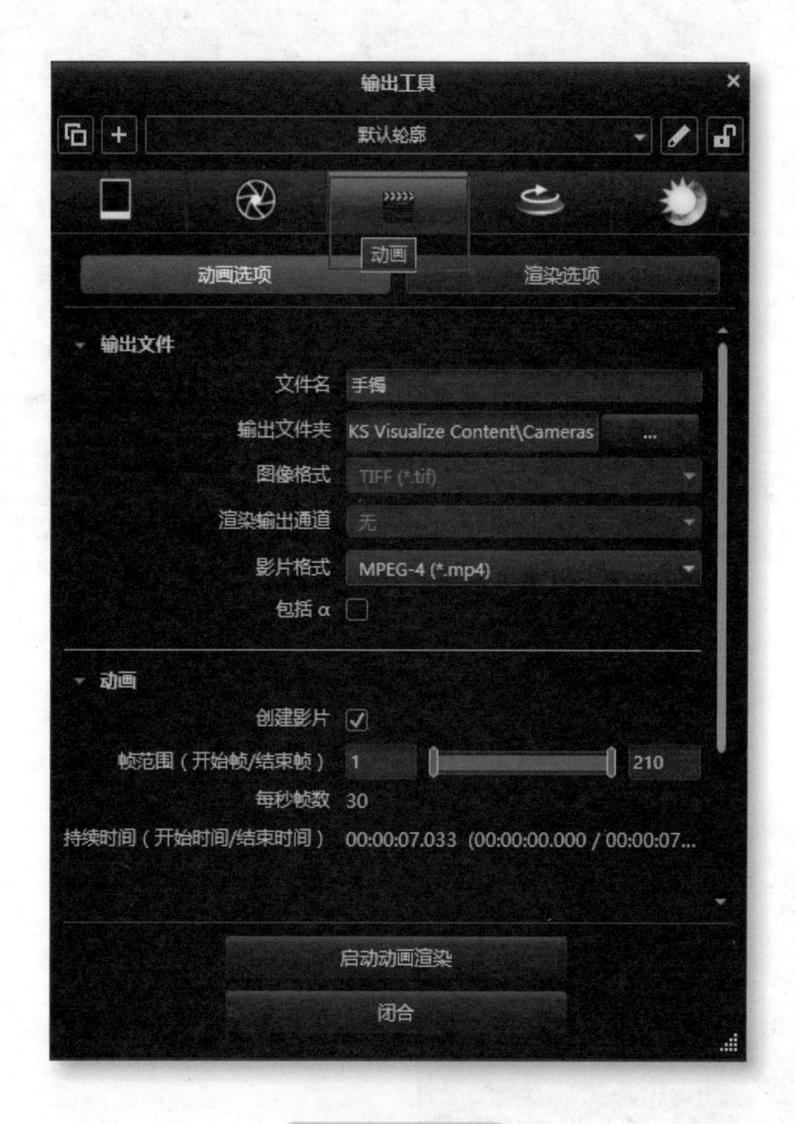

图 7-33 渲染面板

设置好渲染选项后，就可以启动动画渲染导出动画。

7.3 动画案例

前面介绍了动画的一些功能以及如何添加关键帧，接下来通过手机展示动画实例来演示一下操作流程。

1）打开 SOLIDWORKS Visualize 2017，打开项目 phone.spvj，按【Ctrl+L】键调出时间轴面板。在模型面板中选择整个模型，右键单击添加旋转动画，如图 7-34~ 图 7-36 所示。

图 7-34　添加旋转动画（1）

图 7-35　添加旋转动画（2）

图 7-36　添加旋转动画（3）

2）旋转动画的时间缩短为 3s。按住旋转动画第二个关键帧向前拖动至 3s 处，如图 7-37 所示。

图 7-37　时间轴

旋转效果如图 7-38 所示。

图 7-38　旋转效果

3）在相机面板新建相机，命名为“相机动画”，如图 7-39 所示。

图 7-39 新建相机

4）选择相机，在相机参数面板选择经度和纬度，将相机的位置调整一下，如图 7-40 所示。

图 7-40 调整相机参数

5）在时间轴面板中，将黄色标志线拖到模型旋转动画第二个关键帧的位置，如图 7-41 所示。

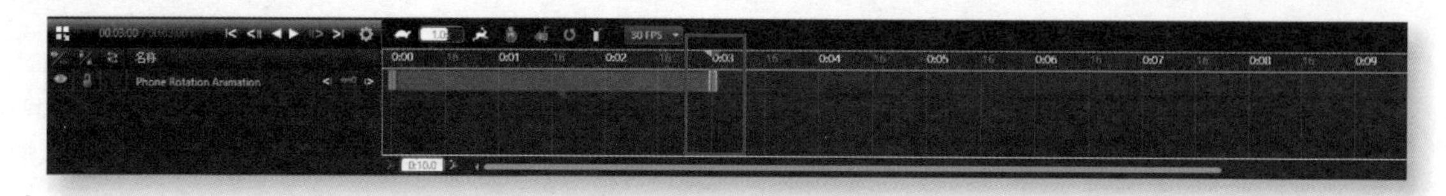

图 7-41　调整关键帧

6）在相机面板中选择相机动画，添加关键帧，如图 7-42、图 7-43 所示。

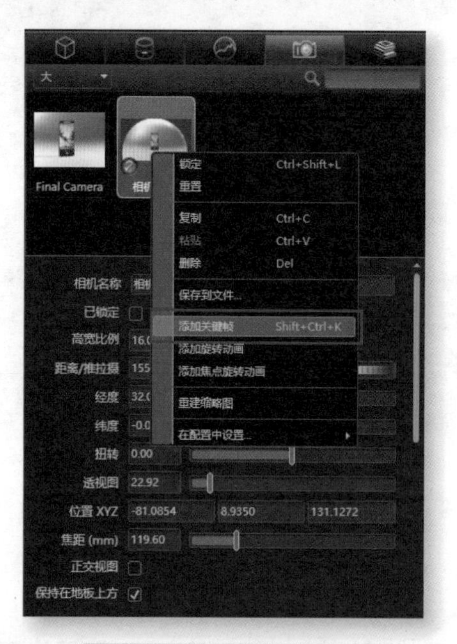

图 7-42　添加关键帧（1）

图 7-43　添加关键帧（2）

7）在时间轴面板顶部，分别修改黄色标志和红色标志的时间，黄色标志和红色标志的位置也随之改变，如图 7-44 所示。

图 7-44　更改标志线的位置

8）在相机面板中选择相机动画，添加关键帧（按【Ctrl+Shift+K】键），如图 7-45 所示。黄色标志处，相机动画添加了关键帧。

图 7-45　添加关键帧（3）

9）在 5s 处，调整相机的纬度参数和透视图参数，如图 7-46 所示。效果展示如图 7-47 所示。

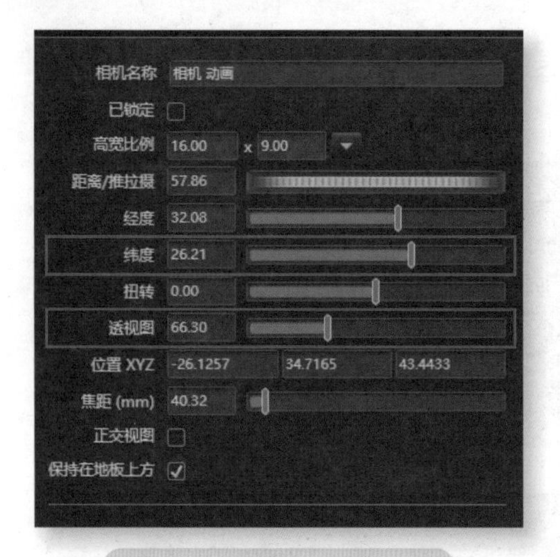

图 7-46　调整相机参数（1）

图 7-47　效果展示

10）将黄色标志和红色标志时间改为 7s，然后添加关键帧，如图 7-48、图 7-49 所示。

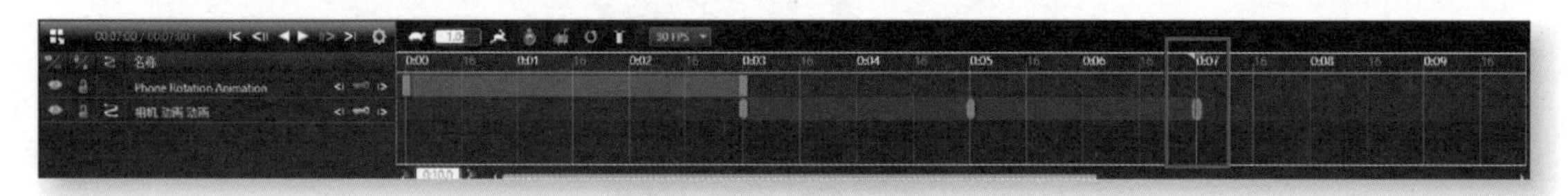

图 7-48　添加关键帧

图 7-49　修改时间

11）在 7s 关键帧处，修改距离、经度、纬度、透视图参数，如图 7-50 所示。效果如图 7-51 所示。

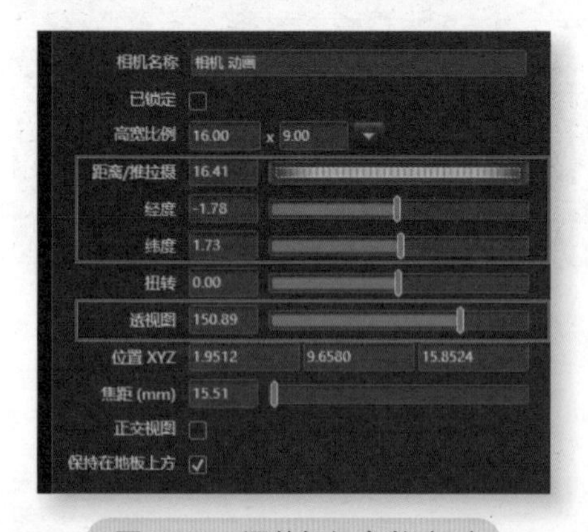

图 7-50　调整相机参数（2）

图 7-51　效果

12）预览一下动画，动画效果不够完美时，可以继续调整所在关键帧。在这里将 5s 处的关键帧向前移动至 4.5s 处。

预览窗口，如图 7-52 所示。移动关键帧位置，如图 7-53 所示。

图 7-52 预览窗口

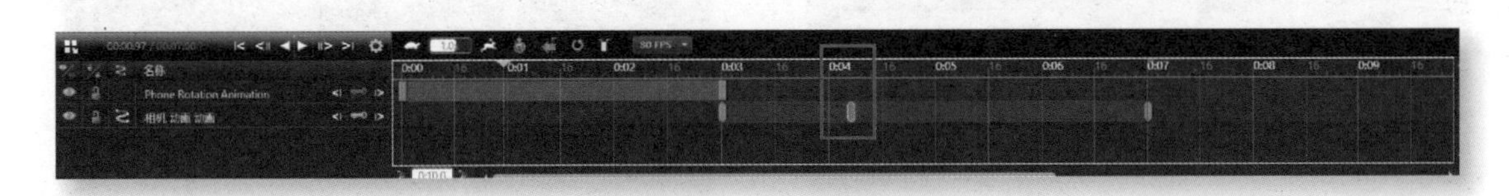

图 7-53 移动关键帧

13）将黄色和红色标志线移到 8s 处，在此处添加关键帧，如图 7-54 所示。调整相机动画经度、纬度、焦距参数。

图 7-54 移动标志线、添加关键帧

参数如图 7-55 所示。

14）调出渲染动画面板，选择动画渲染选项，修改动画格式、分辨率和储存路径，再单击【启动动画渲染】，如图 7-56 所示。

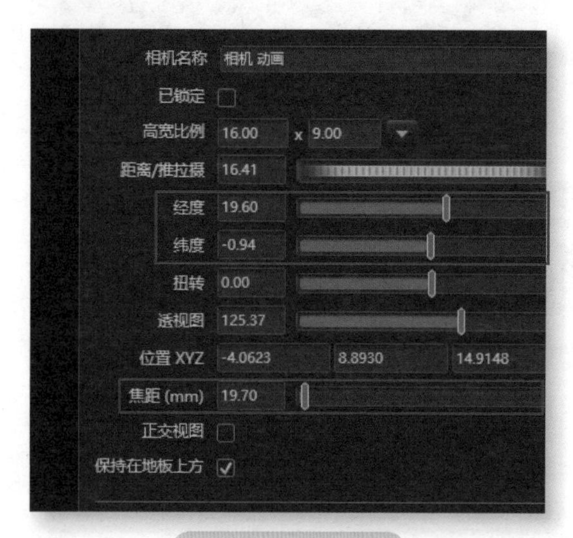

图 7-55　调整参数

图 7-56　渲染面板设置

15）等待渲染，如图 7-57 所示。

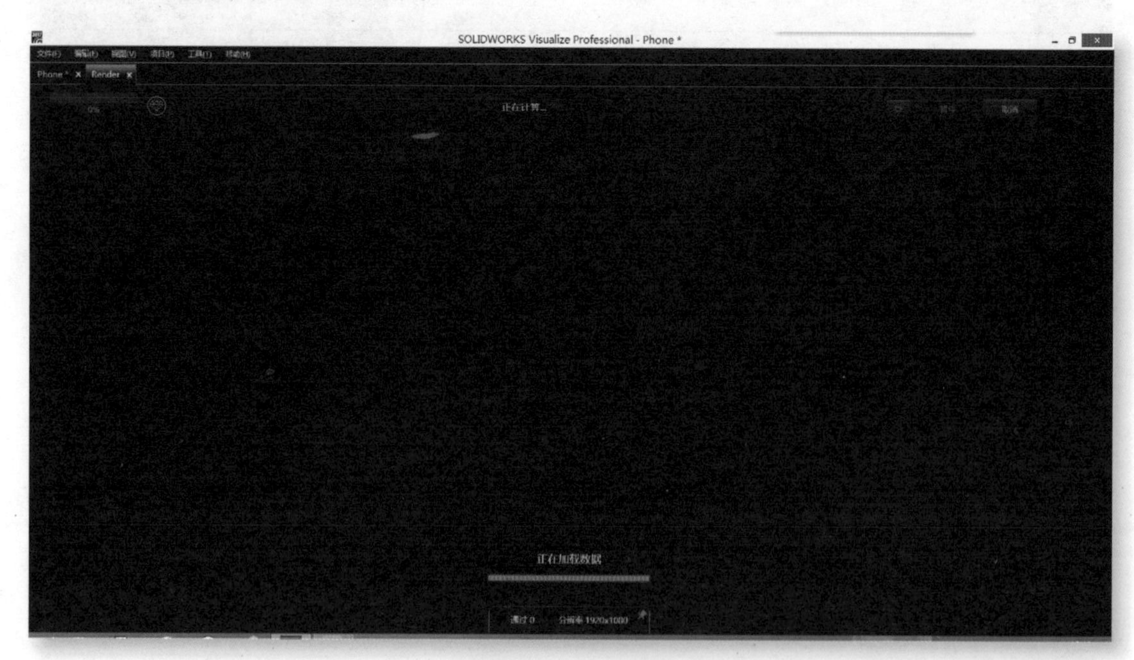

图 7-57　等待渲染

16）渲染完成后就可以在设定的目录中看到输出的动画文件。

第8章 渲染案例

8

学习目标

1. 通过实例熟悉渲染的完整过程。
2. 强化各功能的操作要点。
3. 思考如何将渲染与要求相匹配。

本章主要介绍三个模型的综合渲染案例，包括导入模型、添加材质、布置灯光和场景以及相机动画等综合渲染过程。通过实际案例来掌握 SOLIDWORKS Visualize 的使用方法。

综合案例 1——游戏控制器

8.1 综合案例 1——游戏控制器

图 8-1 所示是一幅参考的效果图。首先，根据图片可以分析出游戏控制器的材质表面是光滑的，按键部分带有磨砂感。根据游戏控制器的使用特性来看，材质应当是轻便的，所以可以分析出材质本身是塑料材质，可以从这个点出发来做渲染规划。

图 8-1 参考效果图

打开 SOLIDWORKS Visualize 并导入 3D 模型，如图 8-2 所示。

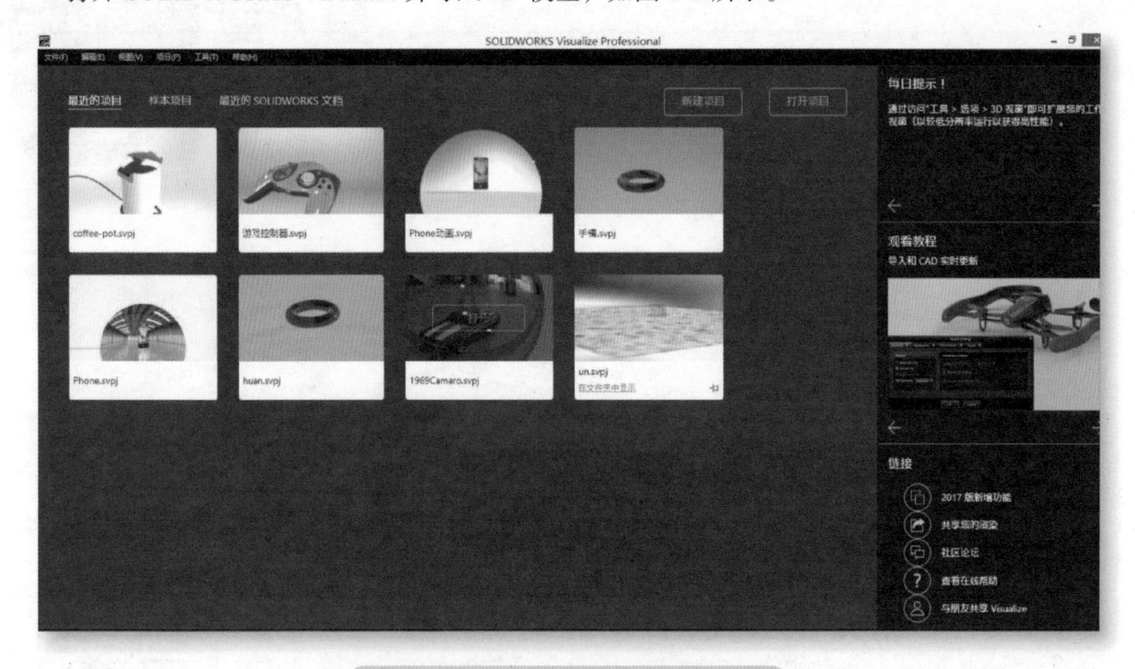

图 8-2　打开 SOLIDWORKS Visualize

单击【打开项目】，在弹出的“打开项目”对话框中选择打开的“游戏控制器”目录中的装配体“game-controller-assembly.sldasm”，单击【打开】，如图 8-3 所示。

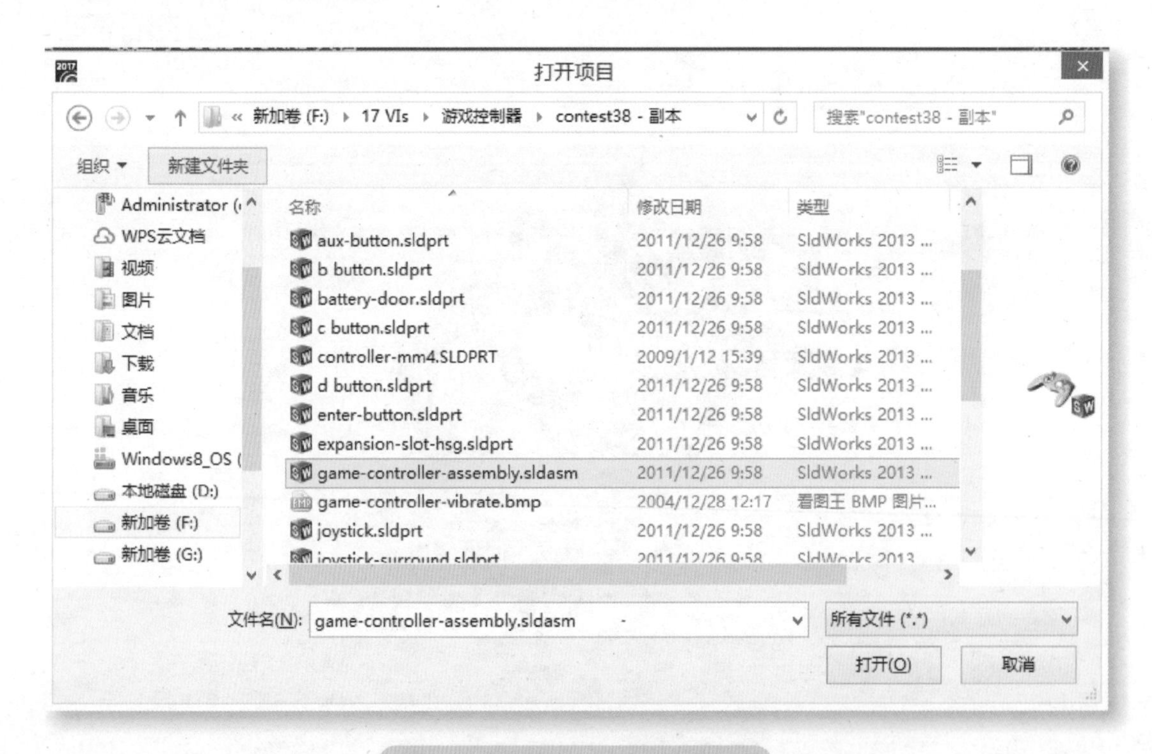

图 8-3　导入 SOLIDWORKS 模型

导入模型出现一个“导入设置”对话框，如图 8-4 所示，在此不做任何修改，单击【确定】。

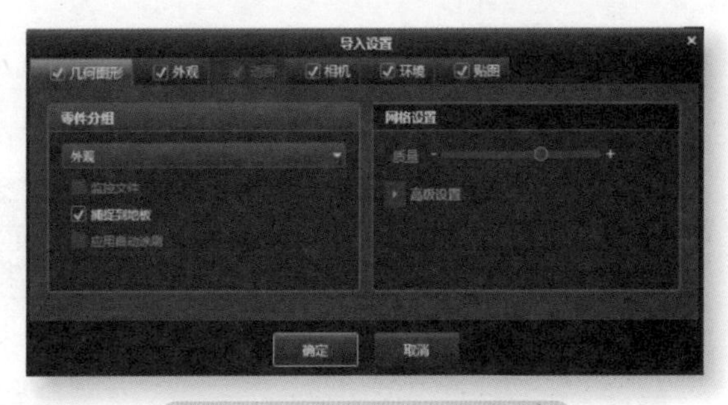

图 8-4 “导入设置”对话框

在工作区内出现刚导入的模型，如图 8-5 所示。导入模型之后，为模型添加材质。在此分析一下模型的材质。根据图 8-1 所示的参考效果图，可以看出底部是不发光的黑灰色的材质，所以，先给模型的底部添加材质。

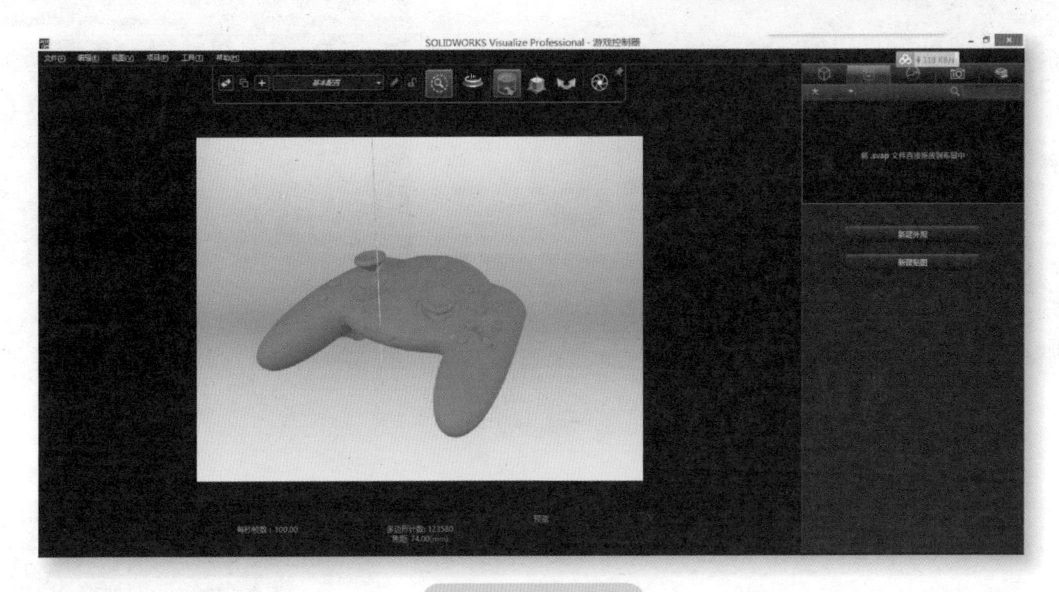

图 8-5 导入结果

选择“外观”，在其下方单击【新建外观】，如图 8-6 所示。

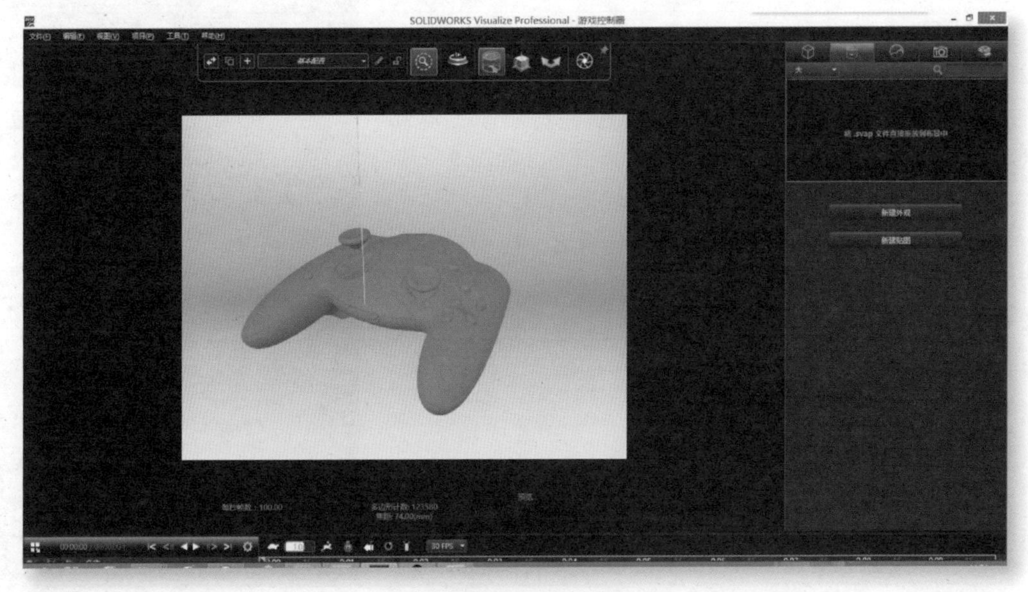

图 8-6 新建外观

将新建的外观材质命名为“控制器底部”，并将材质球拖到控制器底部赋予材质，如图 8-7 所示。

图 8-7　赋予材质

设置材质类型及参数来调整效果。外观类型选择“通用”，底部颜色为黑灰色，所以将“散射颜色”改为黑灰色，“光泽颜色”为白色，再根据环境亮度稍微调整一下“IOR”的值。具体参数设置如图 8-8 所示。

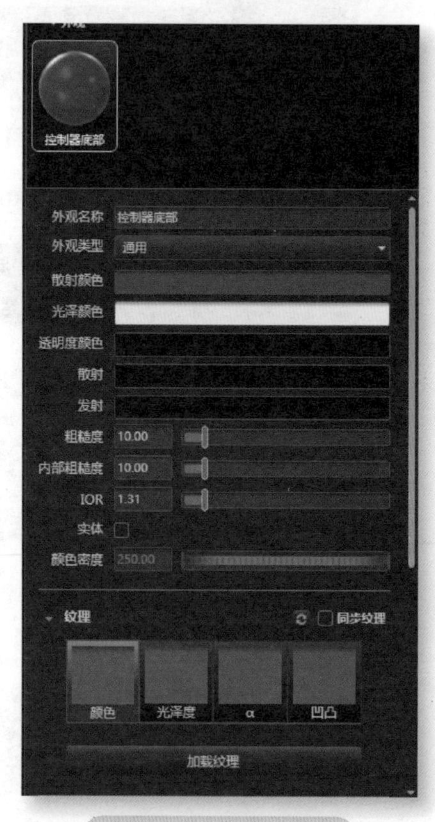

图 8-8　材质参数设置

将控制器底部效果设置好之后，再设置控制器上部分表面的材质。

在“外观”面板单击【新建外观】新建材质，命名为“上部分表面”。将材质赋予控制器上部分表面，如图 8-9 所示。

根据图 8-1 所示的参考效果图可以分析出，控制器上部分表面的材质是光滑且有光泽的塑料，并且颜色为绿色。根据这点选择材质类型为塑料，“颜色”为绿色，再根据实际亮度和粗糙度调整“IOR”和“粗糙度”的值。具体设置如图 8-10 所示。

调整好参数后的游戏控制器效果如图 8-11 所示。

从图 8-11 可以看出，控制器还剩一些按钮未添加材质。结合图 8-1 来设置游戏控制器方向键的材质。

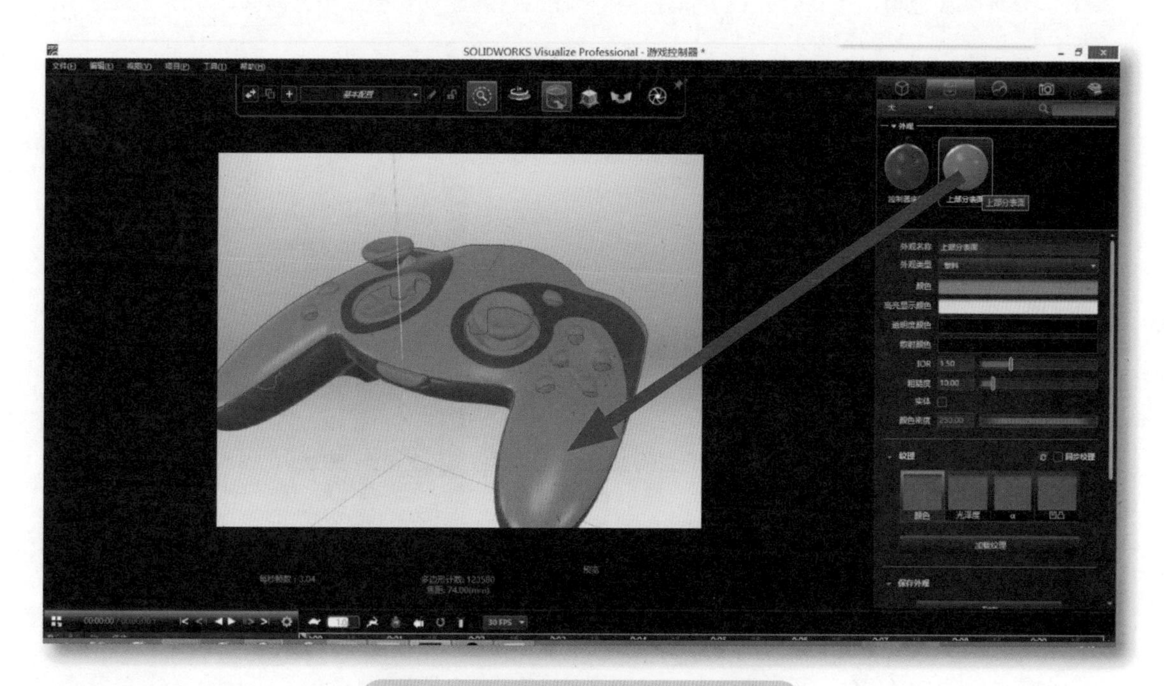

图 8-9 将材质赋予控制器上部分表面

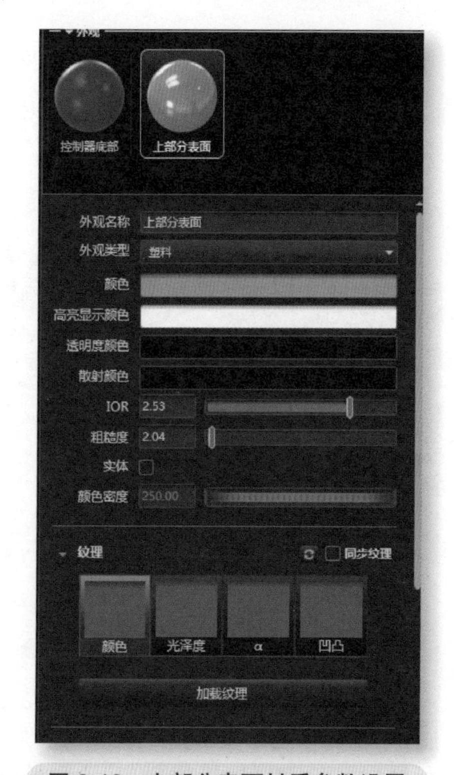

图 8-10 上部分表面材质参数设置

图 8-11 添加部分材质后的效果

在“外观”面板单击【新建外观】新建材质，然后将新建的材质赋予方向键，如图 8-12 所示。

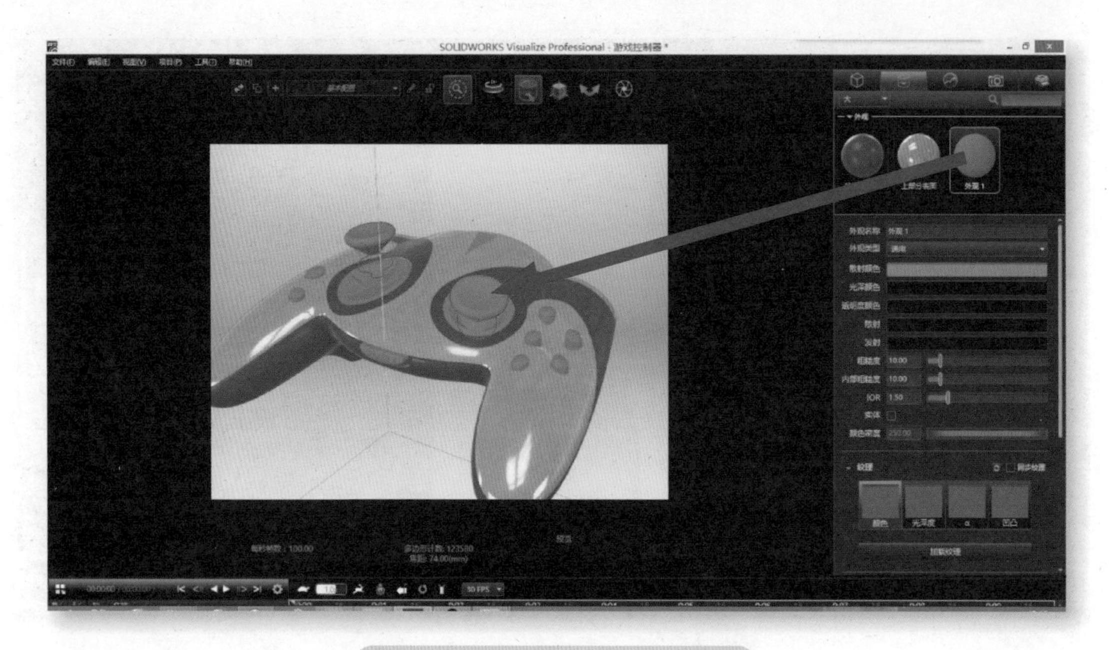

图 8-12　将新建的材质赋予方向键

将新建的材质命名为“方向键”，然后设置参数。参数数值设置如图 8-13 所示。方向键材质添加后的效果如图 8-14 所示。

图 8-13　方向键材质参数设置

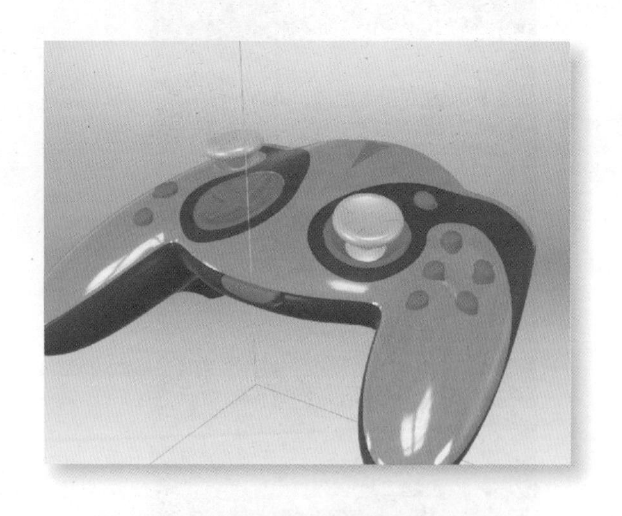

图 8-14　方向键材质添加后的效果图

接下来，根据图 8-1 所示的参考效果图对最前面的两颗白色按钮添加材质。

在“外观”面板单击【新建外观】新建材质，将材质命名为“白色按钮”，并将材质赋予按钮，如图 8-15 所示。

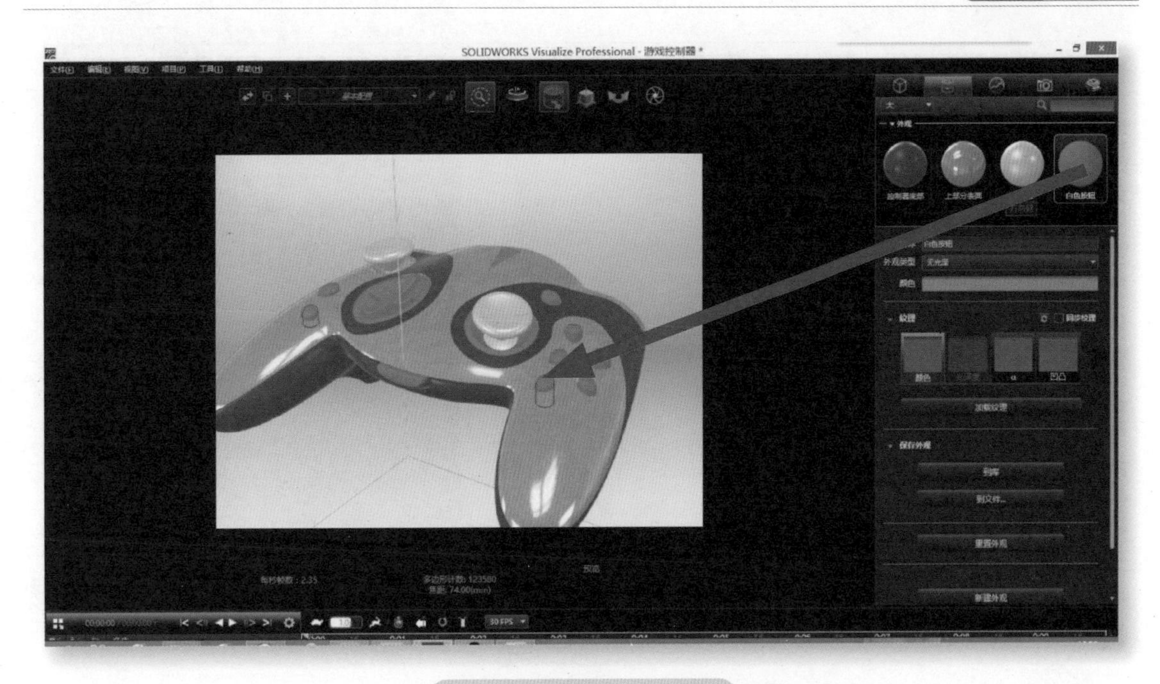

图 8-15 将材质赋予按钮

材质赋予之后设置材质参数，具体设置如图 8-16 所示。

上一步完成之后，再结合图 8-1，添加模型中间下方的金属感按钮的材质。

在“外观”面板单击【新建外观】新建材质，并将材质球命名为“金属”，然后赋予模型对应的部件上，如图 8-17 所示。

材质赋予之后设置材质参数。将“外观类型”设置为“金属”，详细参数如图 8-18 所示。

修改参数后其效果如图 8-19 所示。

图 8-16 白色按钮材质参数设置

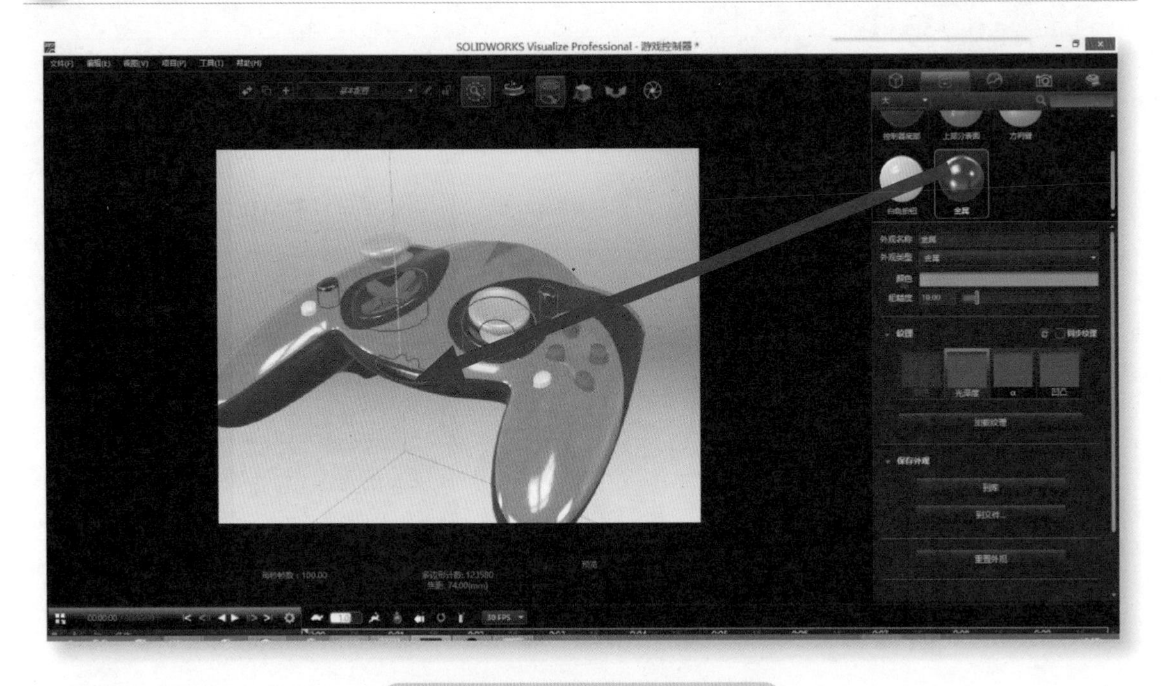

图 8-17　将“金属”材质赋予模型

图 8-18　金属材质参数设置

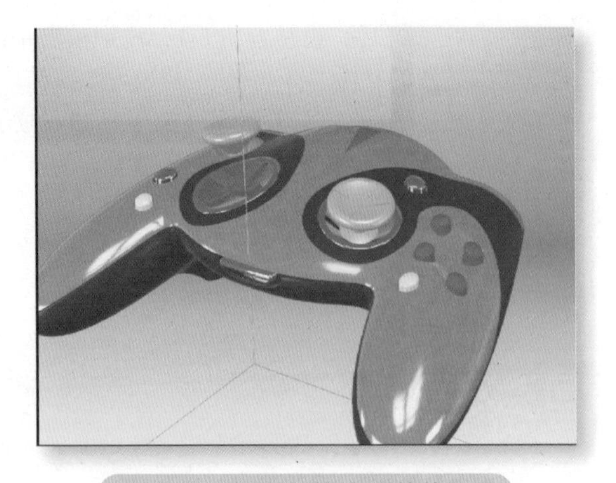

图 8-19　金属材质添加后的效果图

通过图 8-1 可以观察出手柄左侧的十字形按键及上侧中间的三角区域与手柄底座颜色材质一致。直接将“控制器底部”的材质赋予十字形按键和三角区域，如图 8-20、图 8-21 所示。

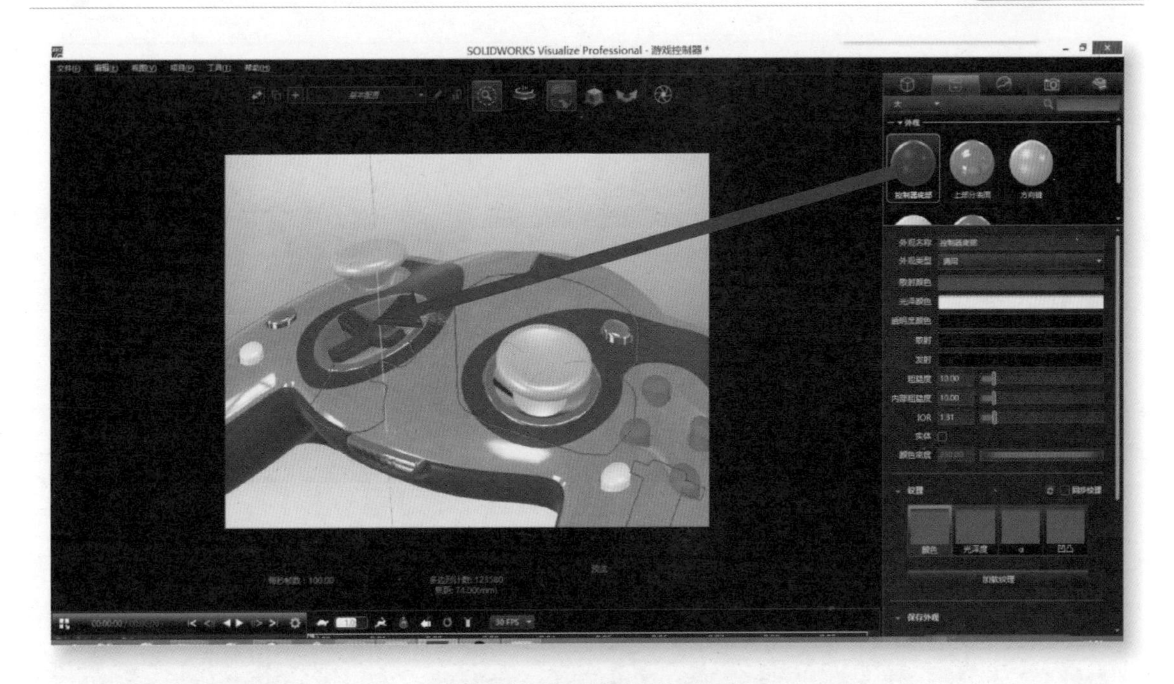

图 8-20 赋予十字按键材质

图 8-21 赋予三角区域材质

完成以上步骤之后，再结合图 8-1，还有四个透明材质的按钮没有添加材质。

在“外观”面板单击【新建外观】新建材质，命名为“绿色透明按钮”，并且选择外观材质为玻璃，如图 8-22 所示。

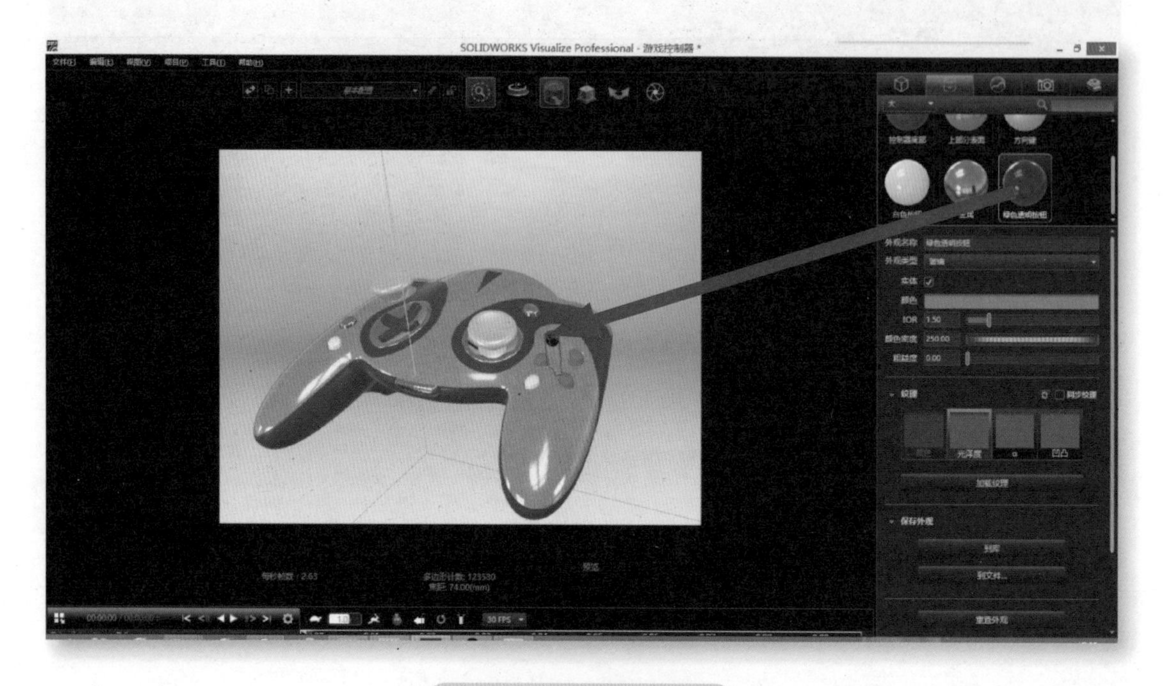

图 8-22　按钮材质的创建

绿色透明按钮的材质参数设置如图 8-23 所示。参数修改完成后将材质赋予相应的按钮。

绿色按钮材质添加完之后，会发现剩下的三个按钮除了颜色外，其余属性与绿色按钮一致，分别为蓝色、红色和橙色，所以蓝色、红色和橙色的按钮材质可以通过复制绿色按钮的材质球，然后更改颜色赋予材质便可。

选中材质球，右键单击【复制】，或者直接按快捷键【Ctrl+C】和【Ctrl+V】在外观面板直接复制。三个材质球分别改颜色为蓝色、红色和橙色，其他参数不动，再赋予相应的按钮材质，分别如图 8-24、图 8-25 和图 8-26 所示。

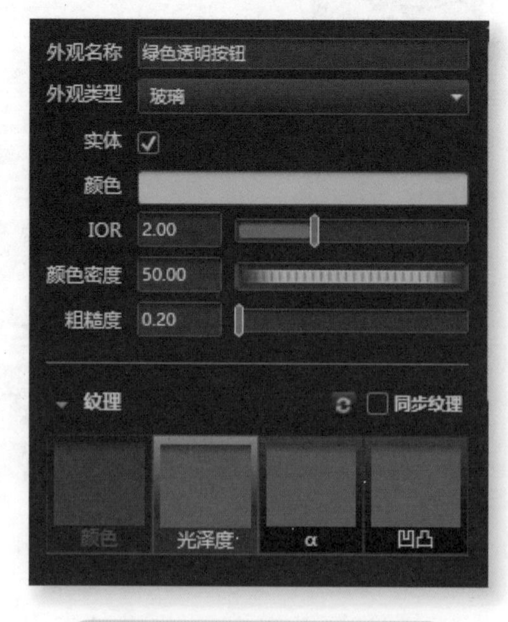

图 8-23　透明按钮材质参数设置

图 8-24 赋予蓝色按钮材质

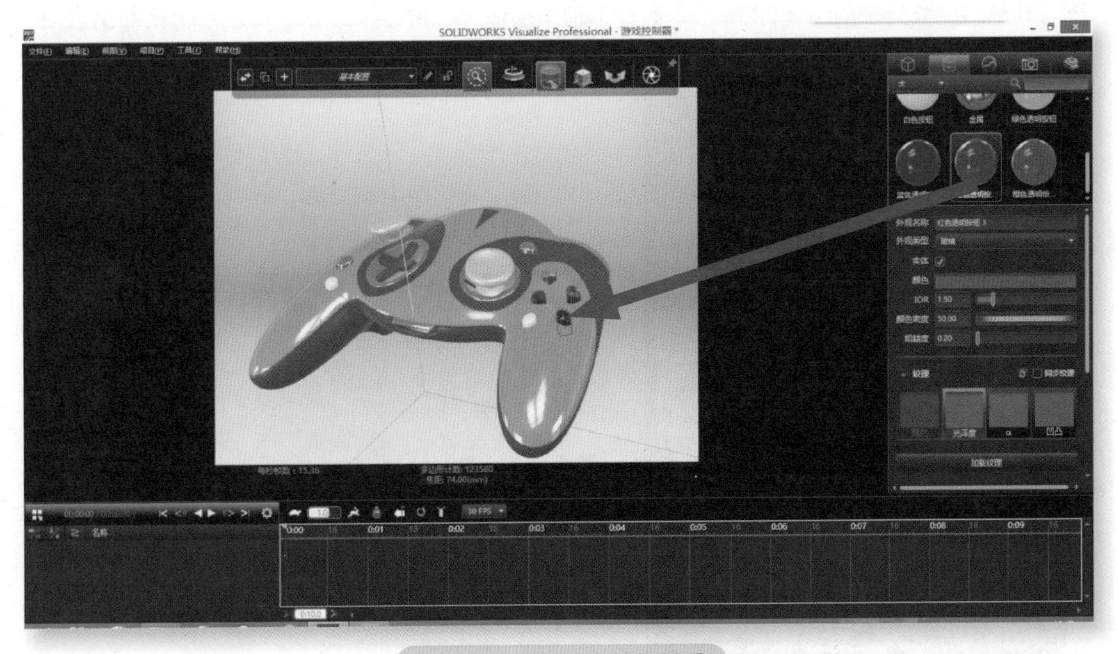

图 8-25 赋予红色按钮材质

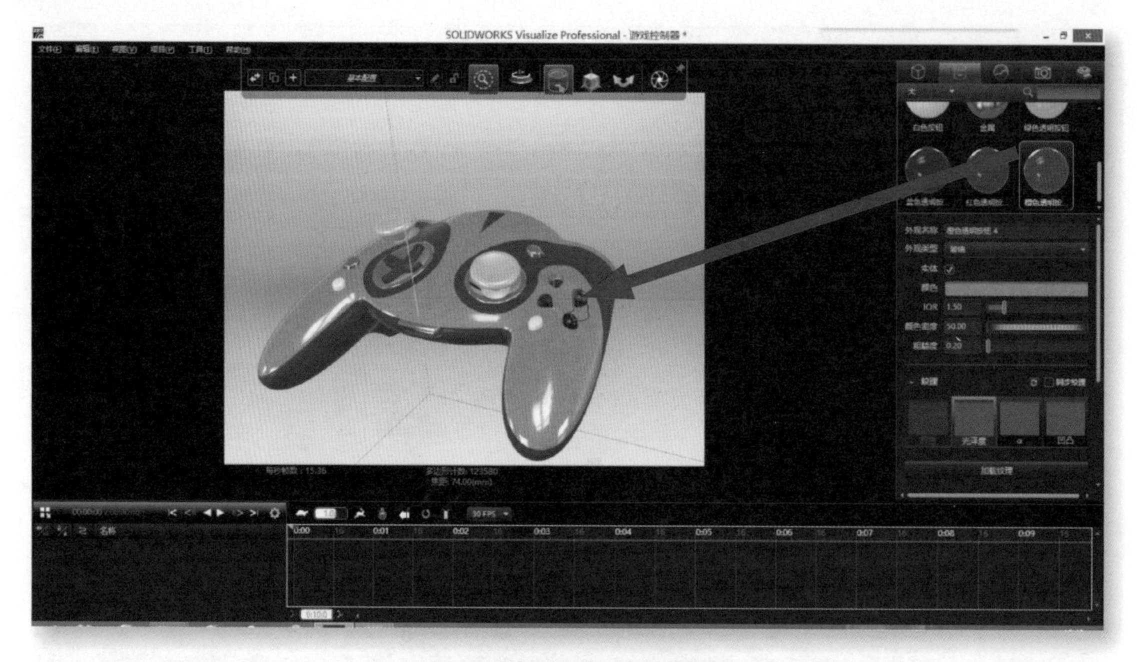

图 8-26　赋予橙色按钮材质

综合以上步骤，游戏控制器在材质添加方面基本完成，单击屏幕上的，或者直接按【Ctrl+R】调出渲染面板，然后选择图片渲染面板，设置好图片的参数即可输出。具体参数如图 8-27 所示。

设置好图片渲染参数，单击【启动渲染】。图片分辨率越高，图片精度越高，渲染的时间也会越长。其最终渲染效果如图 8-28 所示。如有不理想的地方，可以修改相应参数后再次输出。

图 8-27　渲染参数

图 8-28　最终渲染效果

8.2　综合案例 2——咖啡壶

根据图 8-29 进行分析，咖啡壶的盖子、水龙头还有底座是黑色塑料材质，只有瓶身是金属材质。咖啡壶还有一个所在的环境，所以本章会加载一个 HDR 环境，使得整个画面场景更加逼真。

图 8-29　参考效果图

打开 SOLIDWORKS Visualize（见图 8-30），打开项目 coffee-pot.svpj，如图 8-31 所示。

打开项目后，在“外观”面板单击【新建外观】新建材质，并为瓶盖、水龙头部分添加材质，如图 8-32 所示。

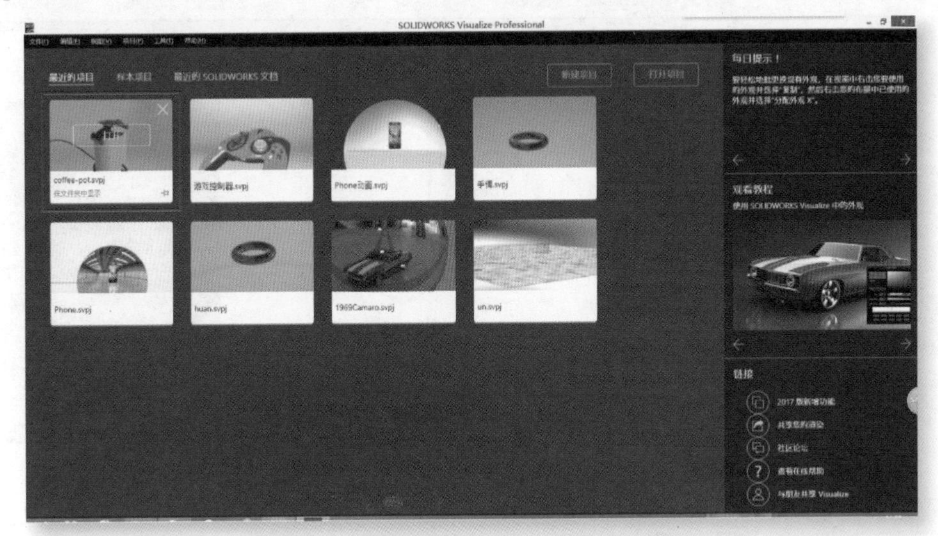

图 8-30　打开 SOLIDWORKS Visualize

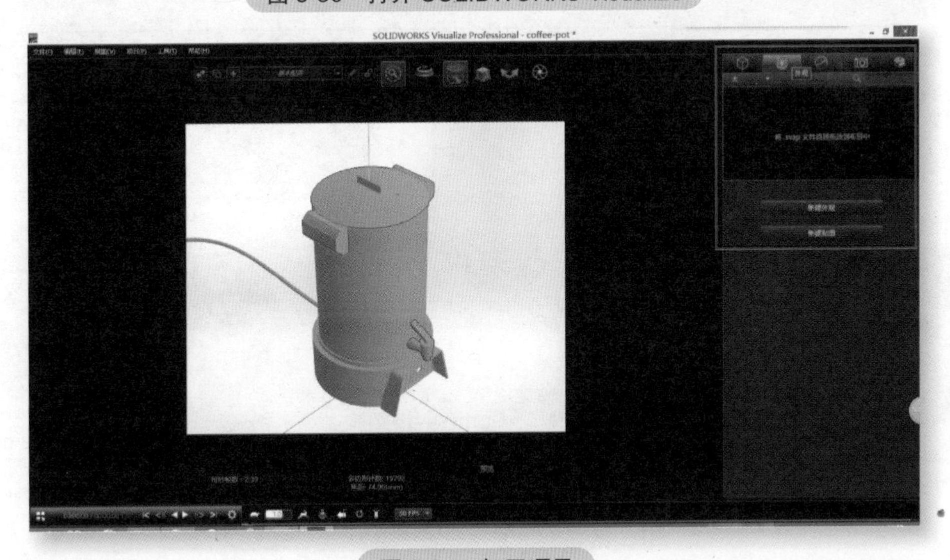

图 8-31　打开项目

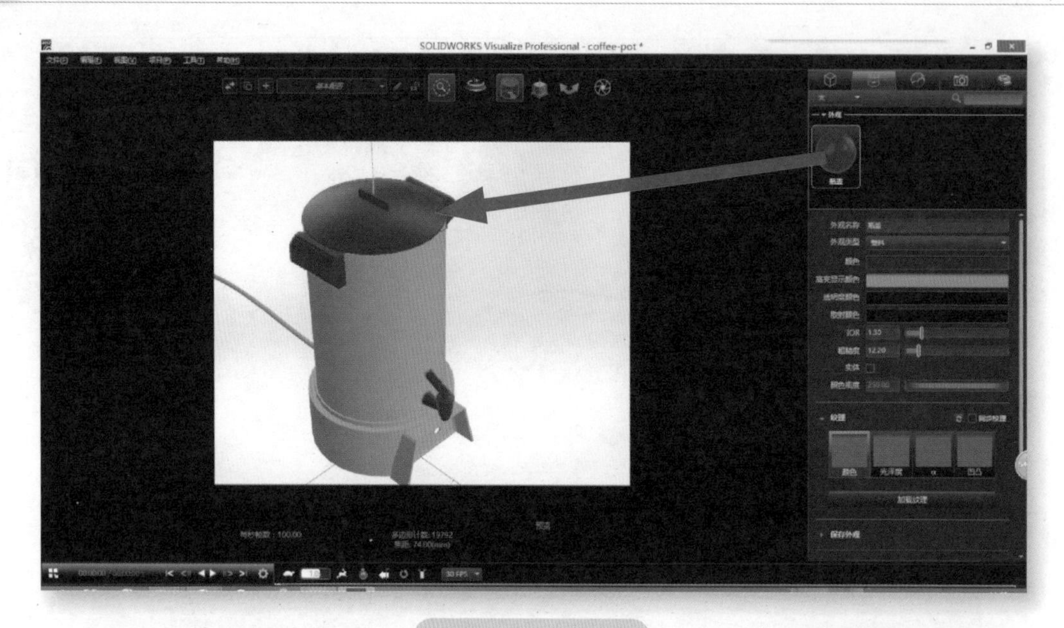

图 8-32　赋予材质

为瓶盖添加好材质后，设置材质的参数，如图 8-33 所示。

观察图 8-29，会发现咖啡壶底座的材质和盖子的材质是一样的，因此可以直接将刚新建的塑料材质赋予咖啡壶底座，如图 8-34 所示。

接下来，为瓶身添加材质。在“外观”面板单击【新建外观】新建材质，命名为“瓶身”，如图 8-35 所示。

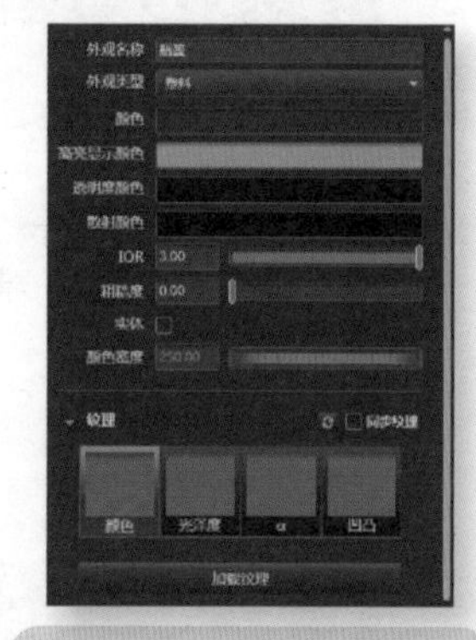

图 8-33　设置材质参数

图 8-34　将材质赋予底座

图 8-35 给瓶身赋予材质

瓶身材质参数设置如图 8-36 所示。

咖啡壶的后面还有插头和电线，接下来添加电线的材质。结合生活中的电线材质进行设置。在这里可以更改“外观类型”为“通用”。在“外观”面板单击【新建外观】新建材质，将材质球命名为“线”，并为电线赋予材质，如图 8-37 所示。

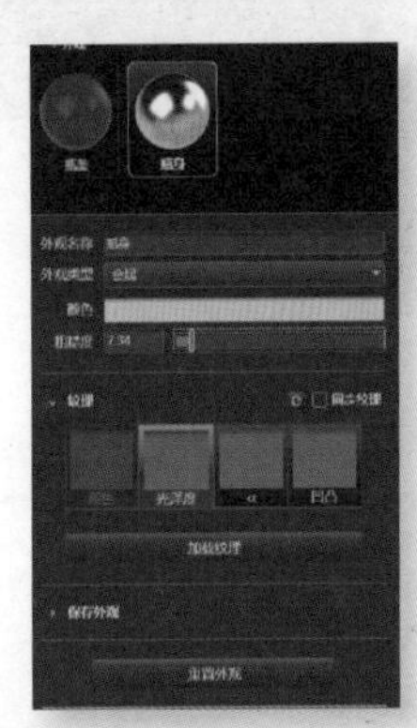

图 8-36 瓶身材质参数设置

图 8-37 给电线赋予材质

电线材质参数如图 8-38 所示。

完成以上步骤后，还有一个比较小的零件未添加材质，即插头的部分金属连接处未添加材质。在“外观”面板单击【新建外观】新建材质，将材质球命名为“插头金属”，并赋予材质，如图 8-39 所示。

为插头金属部分的材质设置参数，如图 8-40 所示。

材质部分添加完成，效果如图 8-41 所示。

添加材质完成后，为咖啡壶添加一个 HDR 环境。单击“布景”选项卡，选择【新建 HDR 环境】，如图 8-42 所示。

图 8-38　电线材质参数设置

图 8-39　给插头部分赋予金属材质

图 8-40　材质参数设置

图 8-41　效果图

图 8-42 新建 HDR 环境

在“打开环境”对话框中选择“Warehouse.hdr”，单击【打开】，如图 8-43 所示，导入环境如图 8-44 所示。

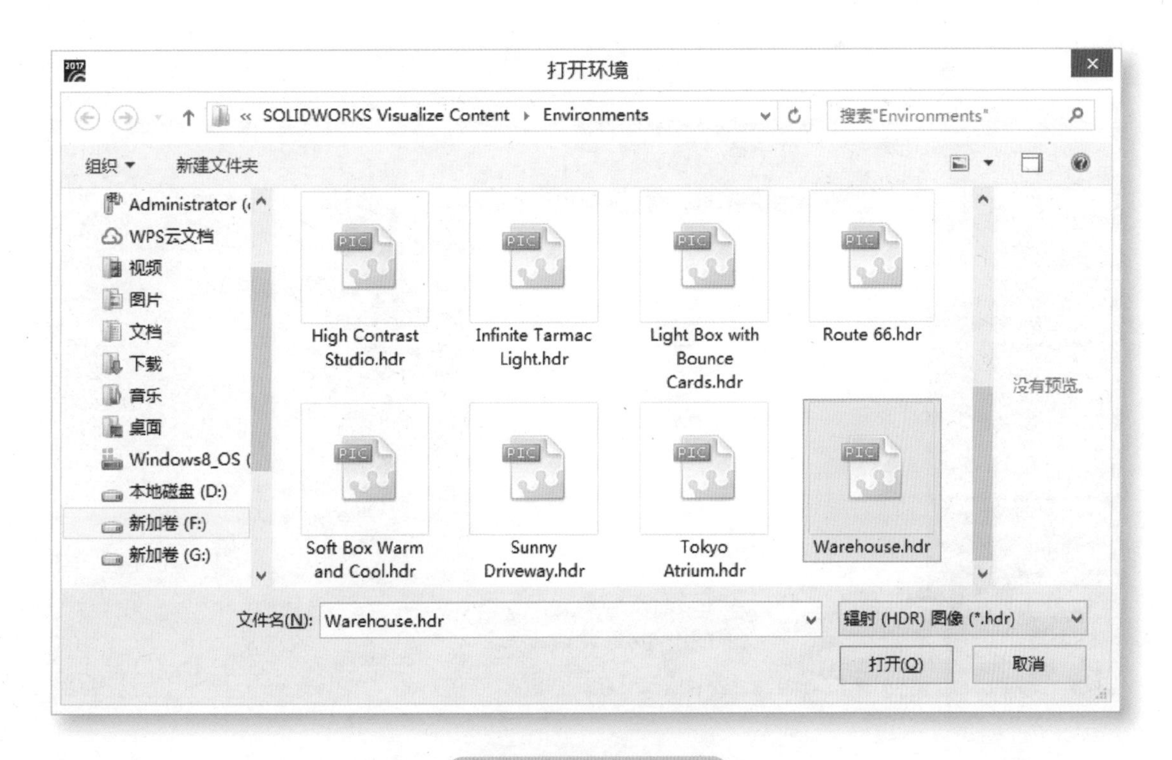

图 8-43 选择所需环境

图 8-44　导入环境

导入环境后，画布工作区没有任何改变。这是因为环境面板有一个背板，挡住了 HDR 的内容。在环境面板下拉菜单中找到该背板，选中后按【Delete】键将其删除，如图 8-45 所示。

删除背板之后还会发现一个问题，就是咖啡壶的模型与导入的 HDR 环境大小比例不协调。此时选中整个模型（见图 8-46），单击屏幕上对象操作工具中的【缩放】工具。

图 8-45　删除背板

图 8-46 选中模型

选中缩放坐标轴中间黄色的方块拖动进行等比例缩放，如图 8-47 所示。拖动三个方向轴上的小方块是单一方向的缩放。

将模型大小处理好后，单击“相机”，添加相机，用相机视角来做模型的展示动画。在相机选项卡中选择【新建相机】，如图 8-48 所示。

图 8-47 等比例缩放

图 8-48 新建相机

对于相机的机位参数，既可以在相机参数面板中通过数值的调整来改变相机的机位，如图 8-49 所示，也可以在工作区域画面中直接调整。按【Ctrl】+ 鼠标中键来平移模型的位置，按【Ctrl+Alt】+ 鼠标中键旋转相机的角度，按【Alt】+ 鼠标中键可以扭转相机镜头的角度。在进行这些操作时，可以发现相机参数面板的经度、纬度、扭转的数值也会随之做相应的改变。

回到相机面板，右键单击“相机 1”，在弹出的菜单中单击【添加关键帧】，如图 8-50 所示；或者选择“相机 1”，按快捷键【Ctrl+Shift+K】来添加关键帧，如图 8-51 所示。调出时间轴面板的快捷键为【Ctrl+L】。

图 8-49 调整相机机位

图 8-50 添加关键帧（1）

图 8-51 添加关键帧（2）

时间轴面板上红色标志线的位置决定了动画的总时间长度，将时间轴面板的红色标志线向后拖到 6s 处，如图 8-52 所示。如无法拖动，可将关键帧向后拖，红色标志线会自动后移。

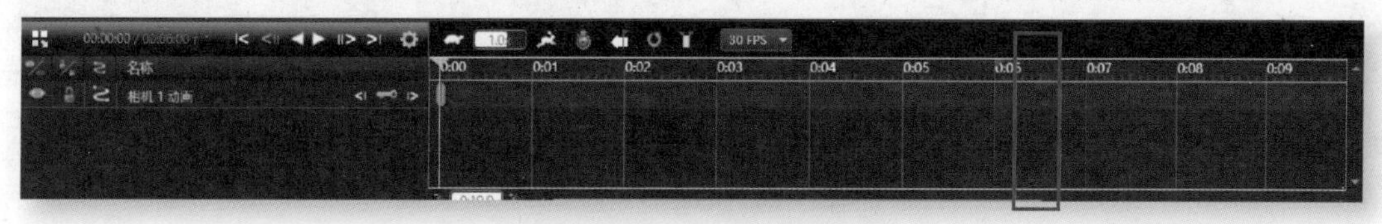

图 8-52 设置动画时间

在时间轴面板 2s 处按【Ctrl+Shift+K】添加关键帧，然后选中相机的位置，让模型完成从左侧面到正面的旋转。

如果“自动关键帧” 开着（红色），则无须手工添加，只需将黄色时间标志线拖到相应位置，直接转动相机位置，系统会自动记录下关键帧，如图 8-53 所示。

图 8-53　添加关键帧（3）

接下来，做模型的旋转动画。单击模型选项卡，选择整个模型，如图 8-54 所示。选择模型后，右键单击鼠标，在弹出的菜单中选择【添加旋转动画】，如图 8-55 所示。

图 8-54　选择整个模型

图 8-55 添加旋转动画

系统会自动生成一个长度为 5s 的旋转动画，根据需要可以双击该动画范围内的任一区域对参数进行进一步的修改，如图 8-56 所示。

图 8-56 生成动画

将旋转动画的第一帧拖动到 2.5s 处，最后一帧拖到 6s 处，如图 8-57 所示。

动画部分完成后，按【Ctrl+R】键调出渲染面板渲染动画，具体设置如图 8-58 和图 8-59 所示。参数修改完成后单击【启动动画渲染】输出相应的图片与动画。

图 8-57　移动关键帧

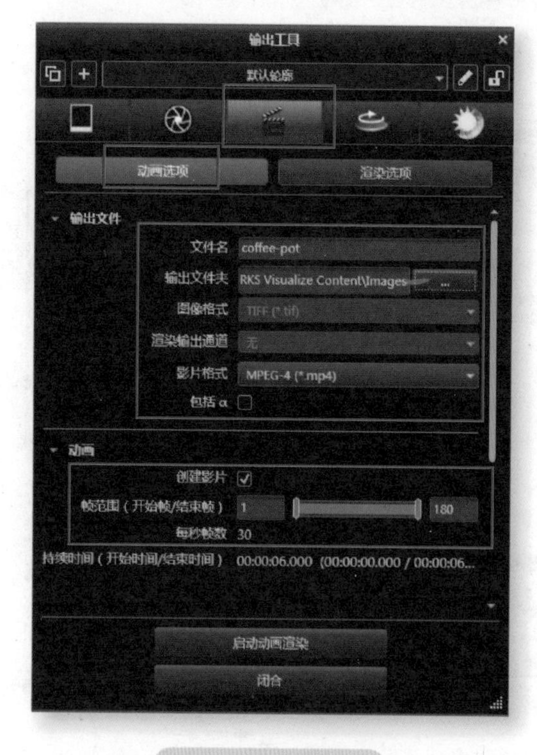

图 8-58　动画选项

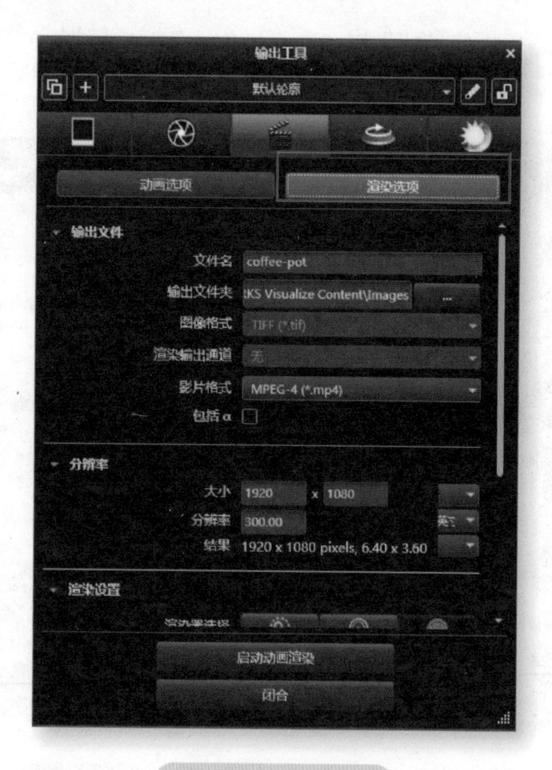

图 8-59　渲染选项

在前面的案例中，参数的数值面板都是用来参考的，具体数值为多少并不是固定的，重要的还是在操作案例中已调整的参数数值能够达到理想的效果。

8.3 综合案例 3——桌椅

综合案例 3——桌椅

这个案例是生活中常见的桌椅，结合生活实际，可以发现桌面是玻璃材质，杯子也是玻璃材质。桌子和椅子是木头材质，模型的椅子有钢架，钢架是金属材质。按这些材质需求进行渲染操作。

该案例中对具体参数的描述有所简化，可根据前面的操作方法再结合自己的渲染需要进行相关参数的调整。

打开 SOLIDWORKS Visualize，打开“桌椅”项目，如图 8-60 所示。

图 8-60 打开项目

在“外观”面板单击【新建外观】新建材质，将新建的材质命名为“杯子”，外观类型选择“玻璃”，如图 8-61 所示。

图 8-61 新建外观

将材质赋予模型中的杯子，注意四个杯子均要赋予，如图 8-62 所示。

图 8-62　给杯子赋予材质

材质赋予好之后，分析玻璃材质的特性。玻璃是一种透光性比较强的物质，因此，在这里需要提高玻璃的光泽，因此把“IOR”的数值调得高些，如图 8-63 所示。

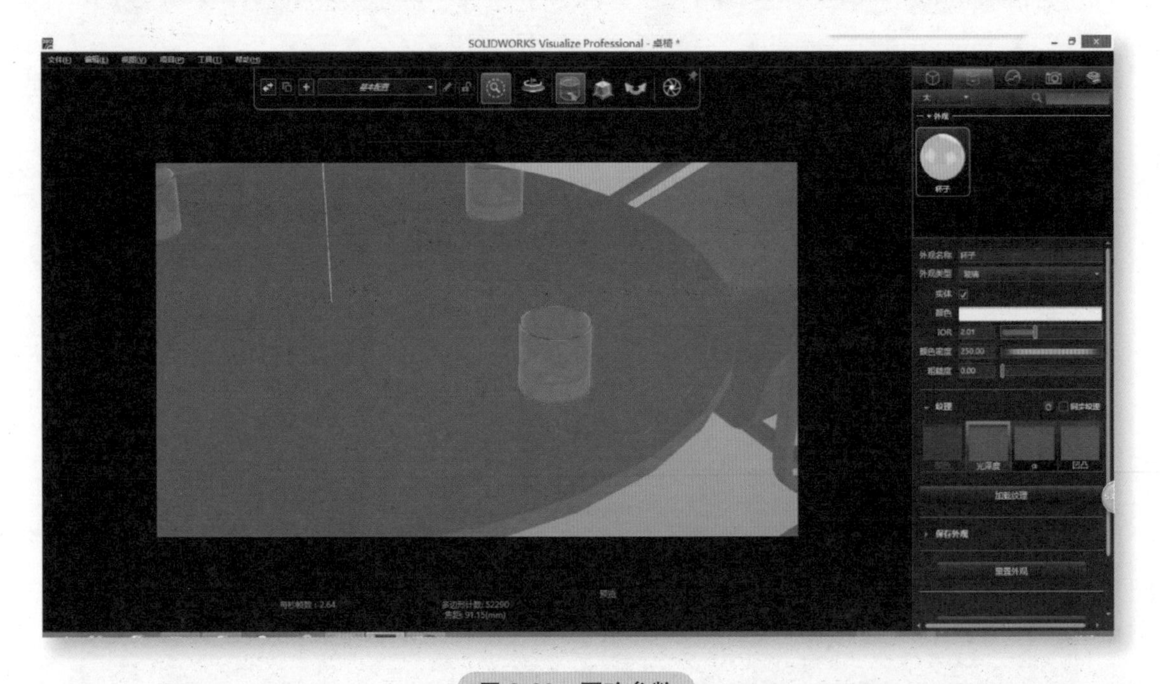

图 8-63　更改参数

杯子的玻璃材质参数如图 8-64 所示。

仔细观察模型，可以发现杯子中还有酒水和冰块。通常情况下，冰块和水一样是无色的，冰块浸在酒水中，所以杯子中的冰块颜色和酒水一样。酒水是水，在这里酒水的效果可以用玻璃材质调整出来。在“外观”面板上单击【新建外观】新建材质并命名为“酒水”，材质选择为玻璃，如图 8-65 所示，然后将“酒水”材质赋予到模型中的冰块上。

将材质赋予到模型中的冰块，注意四个杯子均要赋予，如图 8-66 所示。

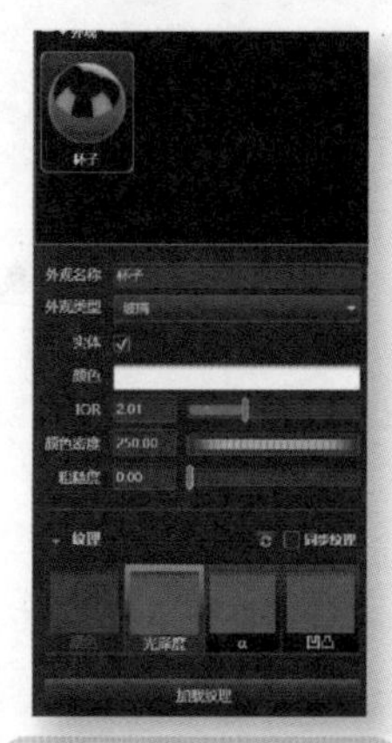

图 8-64 材质参数

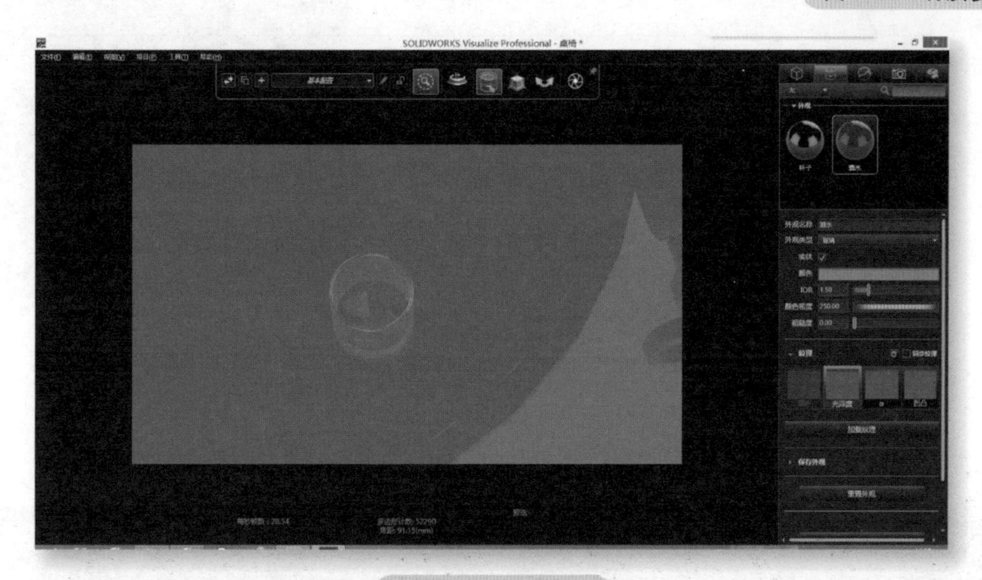

图 8-65 新建外观

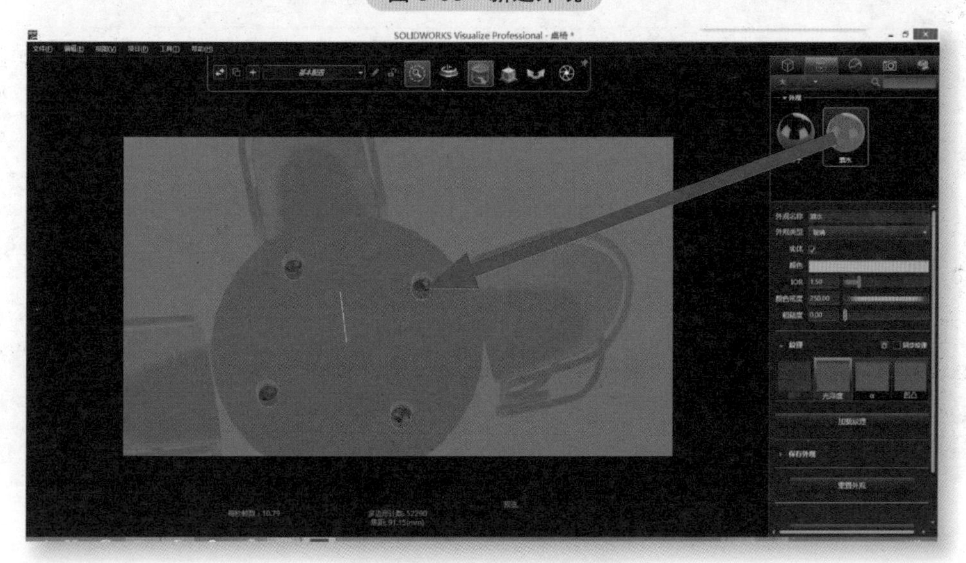

图 8-66 给冰块赋予材质

赋予材质之后，调整材质的参数。“酒水”材质是褐色的，因为材质是水，所以颜色透明度比较高。详细参数如图 8-67 所示。

杯子和酒水的模型材质添加完了，接下来添加桌面的材质。前面分析过桌面的材质是玻璃，所以在“外观”面板上单击【新建外观】新建材质，外观类型选择“玻璃”，命名为“桌面”，颜色选择白色，并将材质赋予桌面，如图 8-68 所示。

桌面材质添加后，下面添加桌子支架的材质。结合生活常识，可以将桌子支架的材质设置为木头材质。为了使桌椅能够保持整体美观，可以将椅子的座位部分也设置为木头材质。在 SOLIDWORKS Visualize 的文件库中就有木头材质的材质球。打开材质库直接为桌子支架和椅子赋予材质。

打开材质库，选择“Appearances”，找到“Wood”目录，如图 8-69 所示。

接下来，找一个适合的木头材质，将其赋予模型，如图 8-70 所示。

图 8-67 “酒水”材质参数

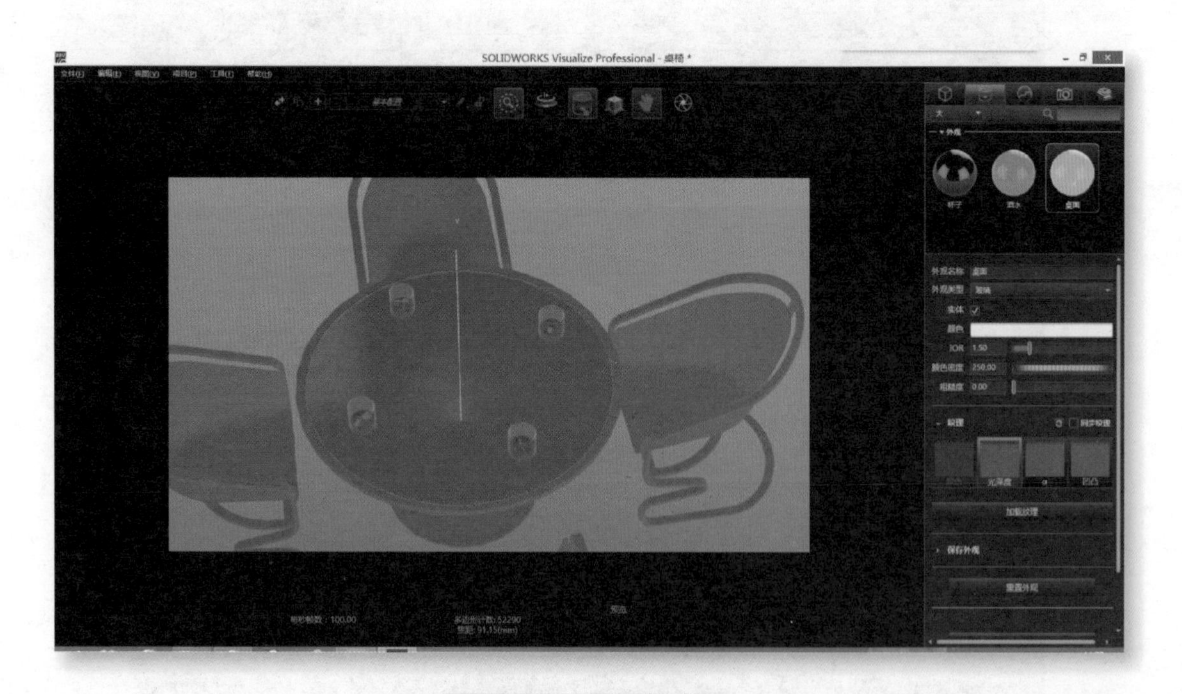

图 8-68 将材质赋予桌面

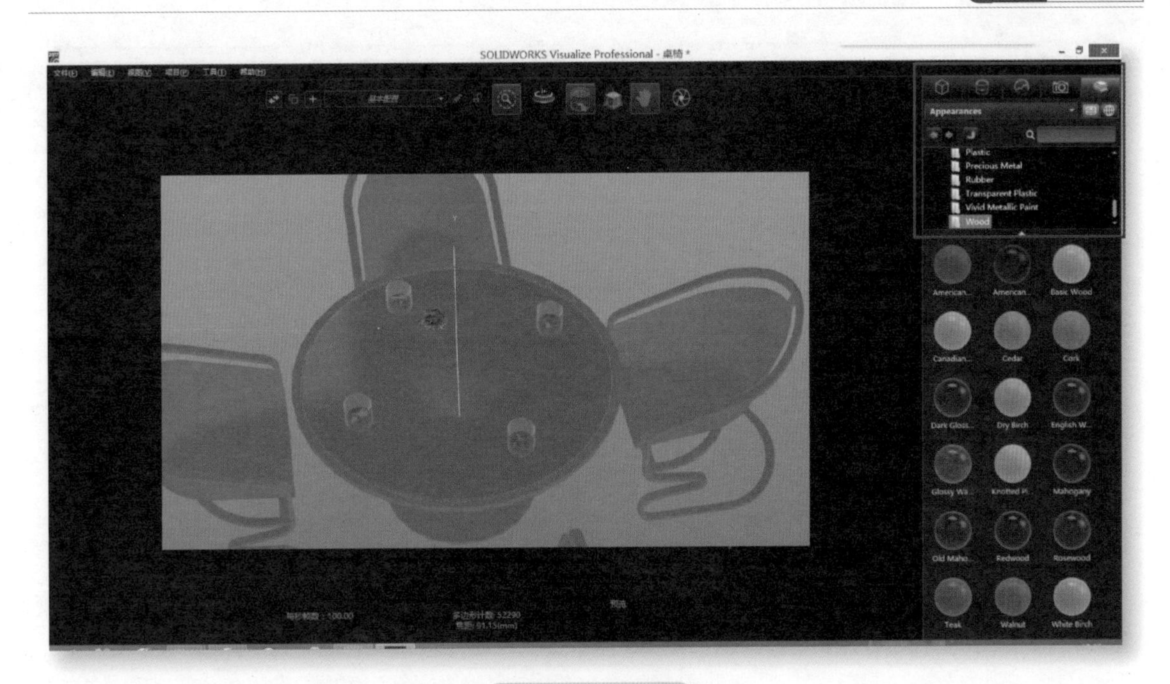

图 8-69　材质库

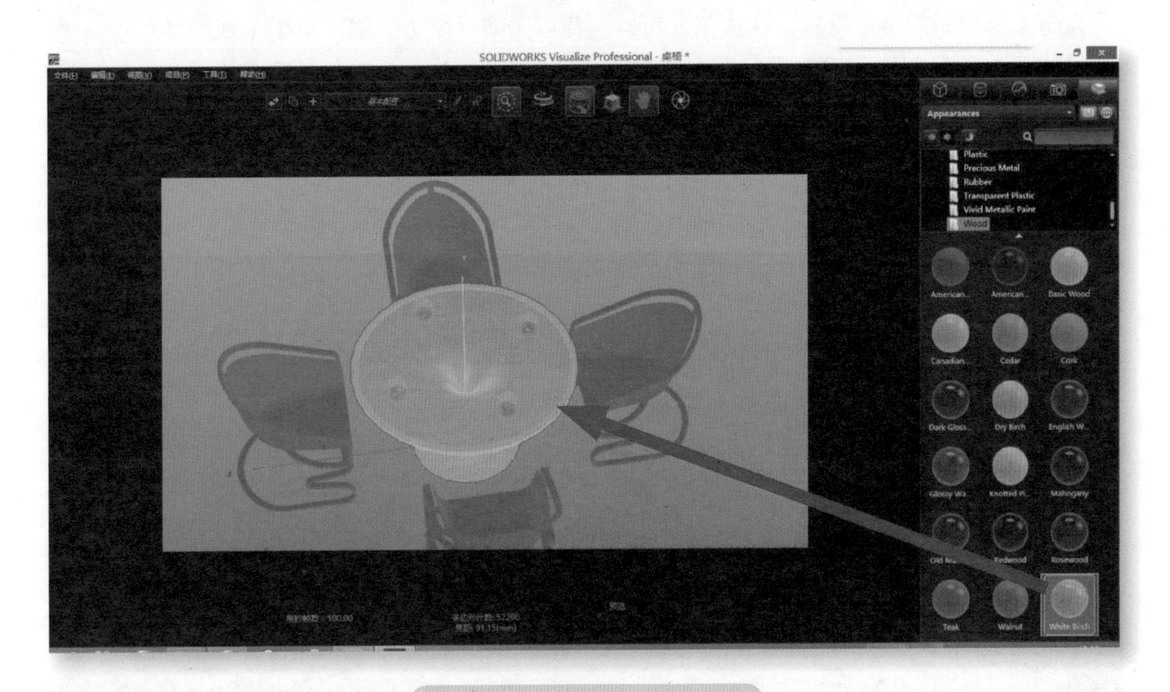

图 8-70　将材质赋予桌子支架

桌子支架材质赋予好之后，为椅子的外观添加材质。在材质库选择木质材质，选择过一次之后保存在“外观”面板里了，所以直接选择“外观”面板，将“外观”面板里的木质材质球赋予四个椅子，如图 8-71 所示。

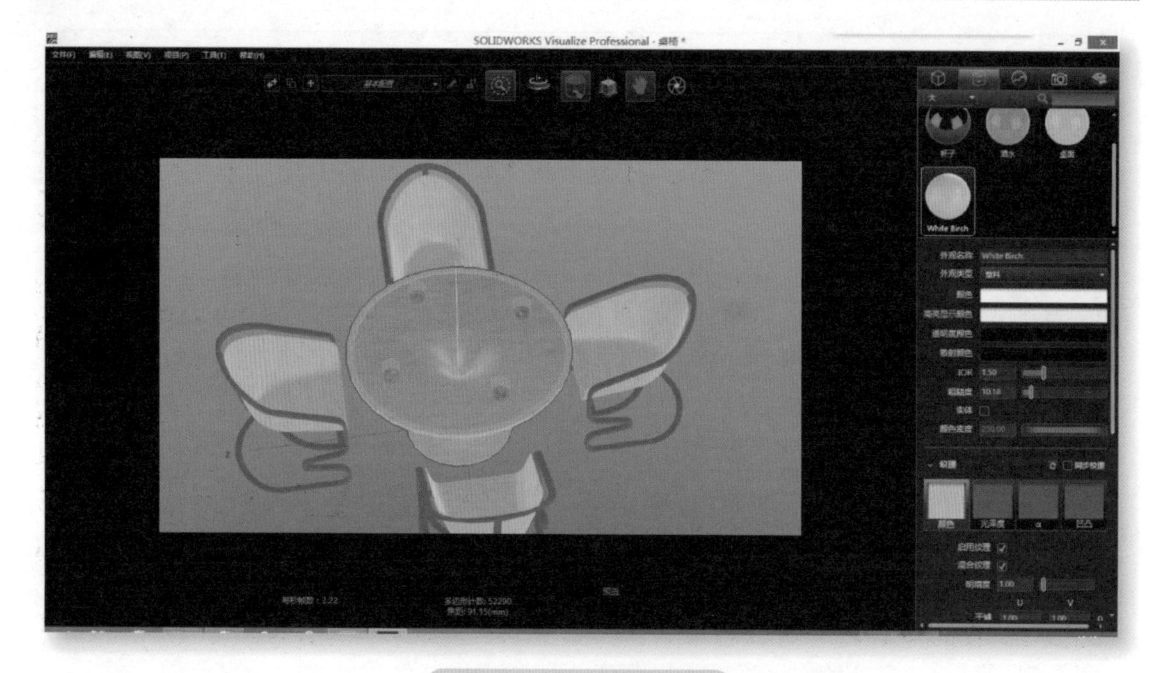

图 8-71　将材质赋予椅子

接下来为椅子架赋予材质。在这里，可以选择椅子架材质为金属。单击【新建外观】新建材质，将外观命名为“椅子架”，模型类型为金属，颜色为灰色，然后将材质赋予椅子架，如图 8-72 所示。

椅子架材质参数如图 8-73 所示。

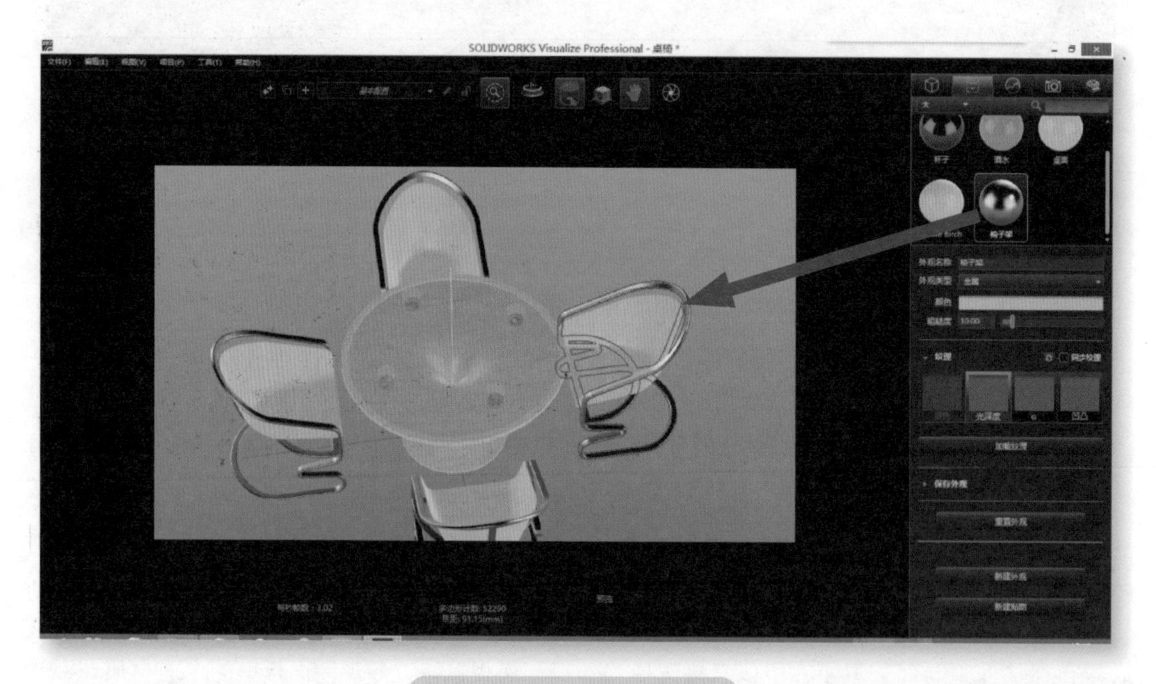

图 8-72　将材质赋予椅子架

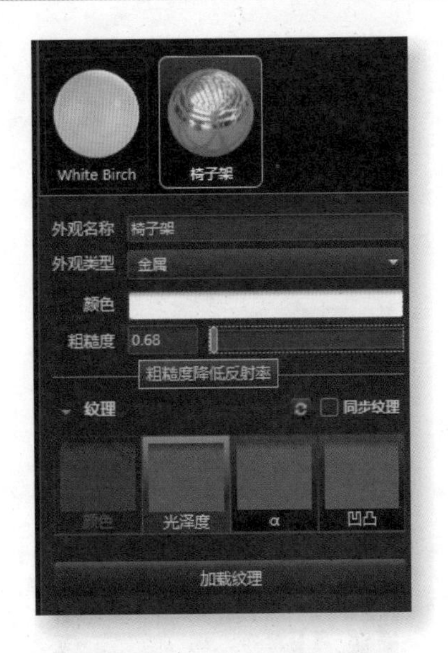

图 8-73 椅子架材质参数

完成上面的步骤后，为这套桌椅添加一个环境。打开环境库面板，选择“Environment”选项，如图 8-74 所示。

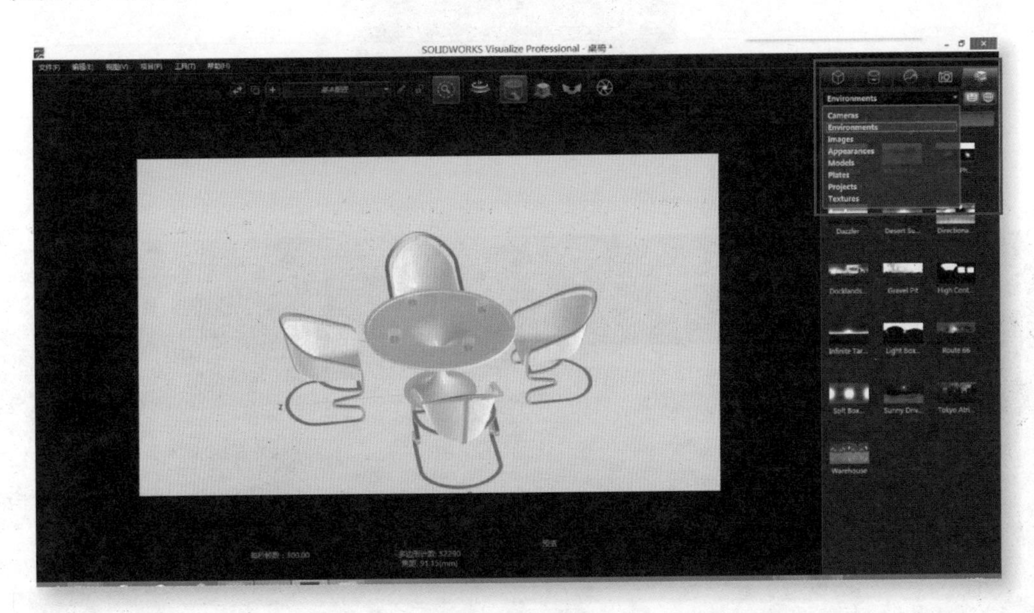

图 8-74 环境库

选择“Tokyo Atrium.hdr”，并将其拖至工作区域，如图 8-75 所示，“导入环境”如图 8-76 所示。

导入环境后，会发现模型和环境的比例不对，可以放大模型让画面看起来更协调。

在模型面板选择整个模型，然后在工具栏中选择对象操作工具中的【缩放】工具，将模型放大至合适的大小，如图 8-77 所示。

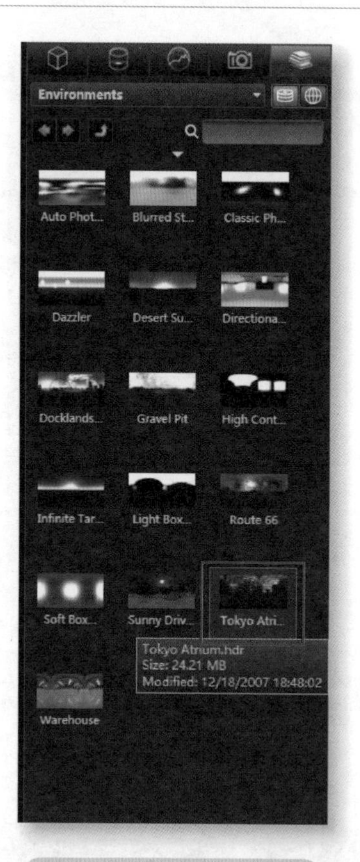

图 8-75　选择 HDR 环境

图 8-76　导入环境

图 8-77 放大模型

模型放大到与环境协调之后，调整环境的参数。将环境的亮度整体提亮，在环境面板中，将 Tokyo Atrium.hdr 环境的明暗度选项数值改为“3”，如图 8-78 所示。

图 8-78 调整环境明暗度

接下来添加相机，用相机视角做动画。在相机面板添加相机，命名为“相机 1”，调整相机视角，如图 8-79 所示。

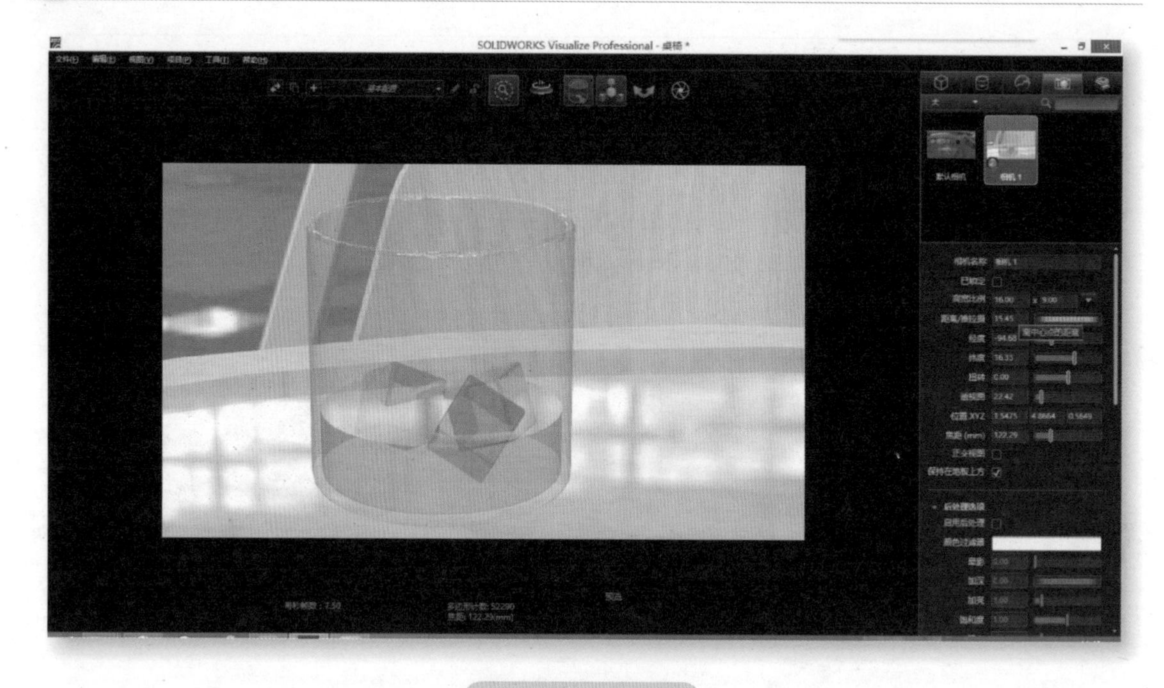

图 8-79　新建相机

相机位置参数如图 8-80 所示。

接下来，按【Ctrl+L】键调出时间轴面板，接着选择“相机 1”，按【Ctrl+Shift+K】键添加关键帧，如图 8-81 所示。相机参数如图 8-82 所示。

将时间轴中的红色标志线往后拖动到 6s 处，如图 8-83 所示。

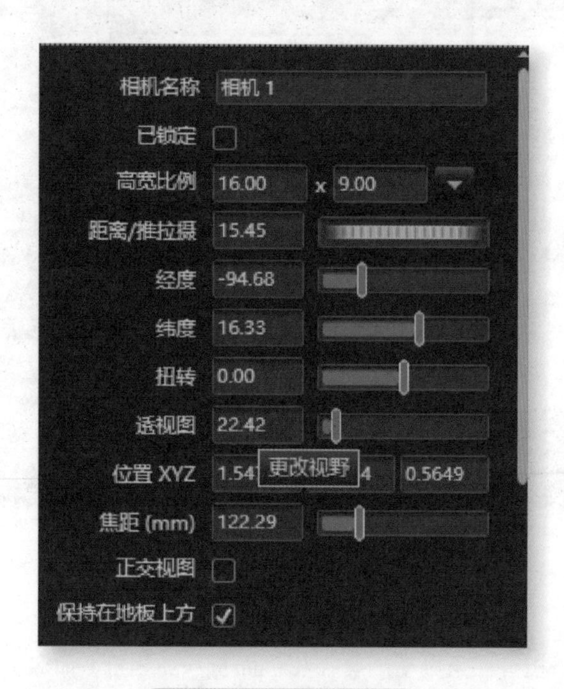

图 8-80　相机位置参数

图 8-81 添加关键帧

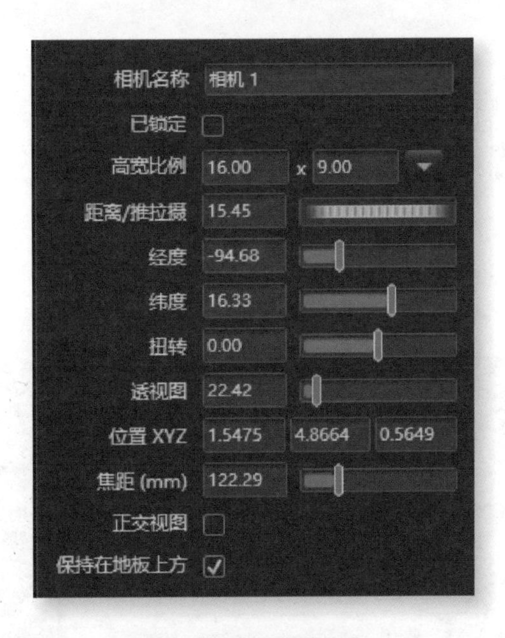

图 8-82 相机参数

图 8-83 移动红色标志线

将黄色标志线拖动到2s处，添加关键帧，在此处调整相机的位置，如图8-84所示。

图8-84　2s处设置关键帧

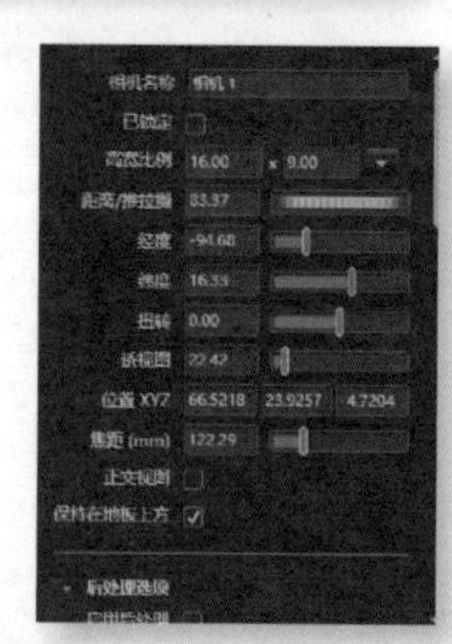

图8-85　2s处相机位置参数

2s处相机位置参数如图8-85所示。

将黄色标志线拖动到4s处，在4s处添加关键帧并调整相机的位置，如图8-86所示。

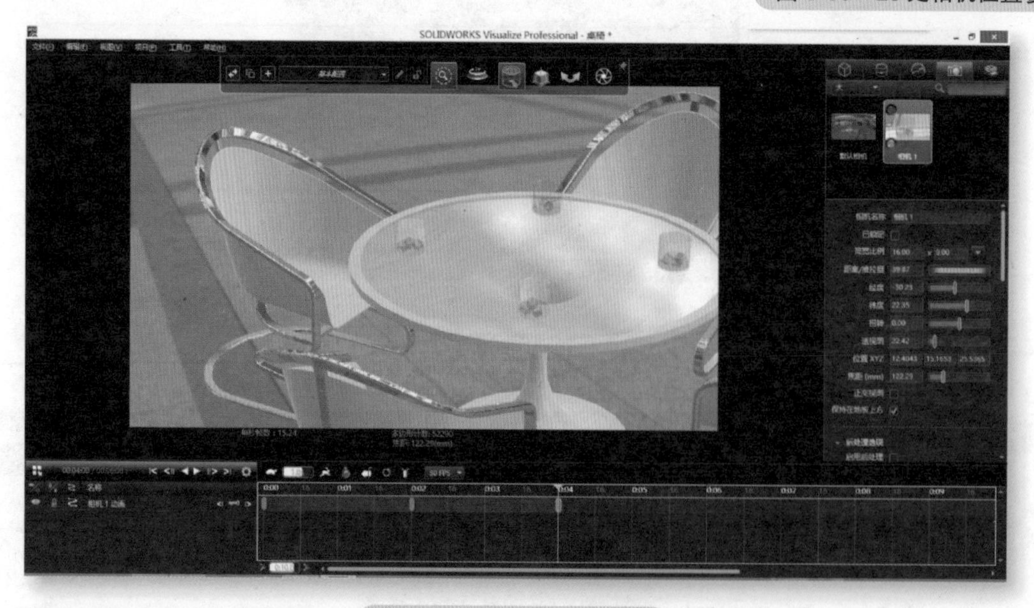

图8-86　4s处设置关键帧

4s 处相机的位置参数如图 8-87 所示。

接着在 6s 处添加关键帧，如图 8-88 所示，让相机移动到能够从侧面看到整个桌椅的位置。具体设置如图 8-89 所示。

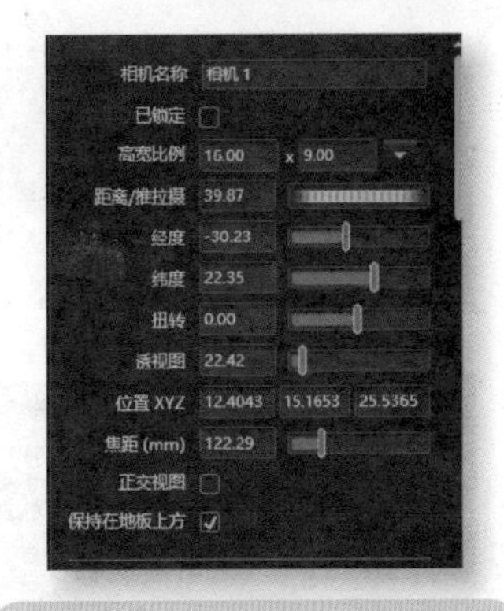

图 8-87 4s 处相机位置参数

图 8-88 6s 处设置关键帧

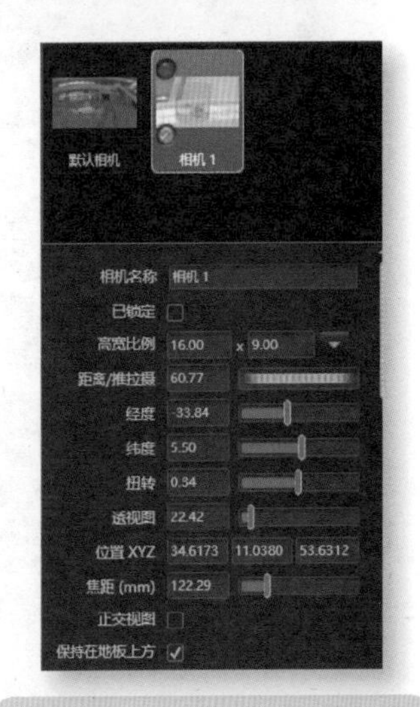

图 8-89 6s 处相机位置参数

动画设置完毕，按时间轴面板的播放键预览，如图 8-90 所示。

在预览的时候，可以发现 0~2s、2~4s 处的动画太快，可以将 2s 和 4s 处的关键帧向后移动，如图 8-91 所示。

关键帧调整好后，渲染动画。按界面上主要工具栏中的输出工具，或者是按快捷键【Ctrl+R】渲染，如图 8-92 所示。在渲染面板选择动画渲染，选择动画的输出文件夹和动画格式，单击【启动动画渲染】，如图 8-93 所示，等待渲染完成。

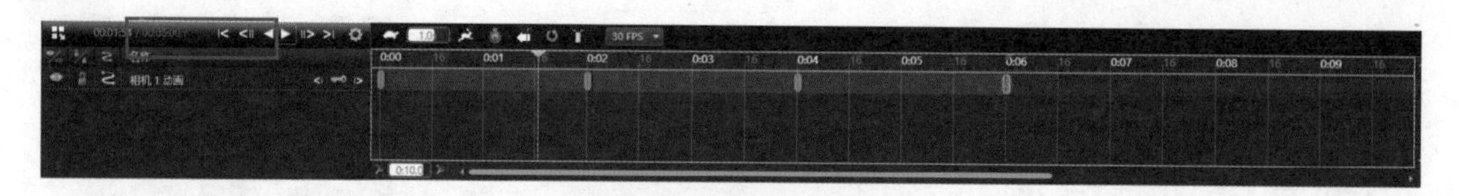

图 8-90　预览动画

图 8-91　调整关键帧

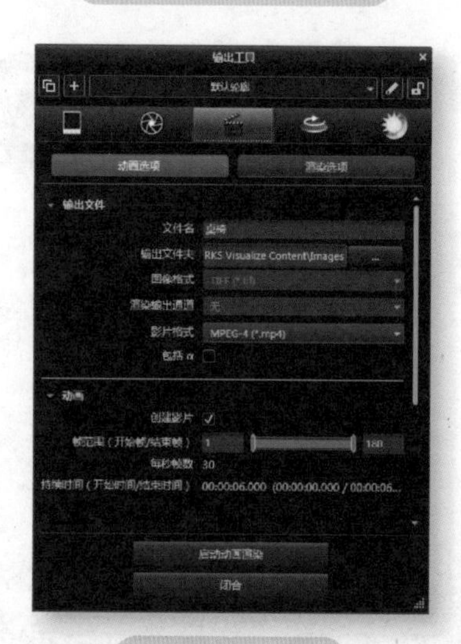

图 8-92　渲染

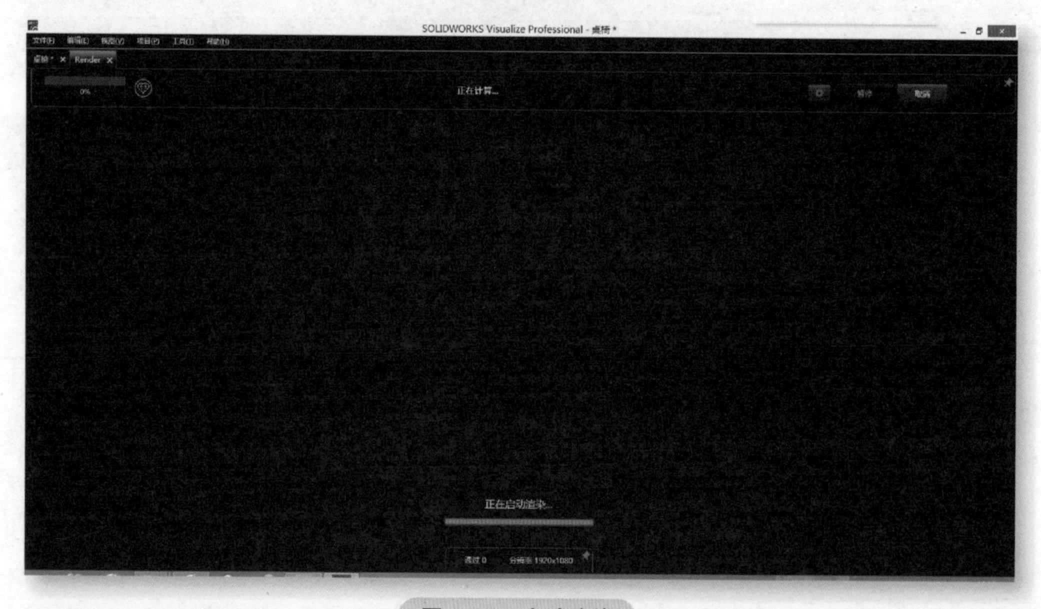

图 8-93　启动渲染

SOLIDWORKS® 公司官方指定培训教程目录

序号	书号	书名	定价 / 元
1	59574	SOLIDWORKS® 零件与装配体教程（2018 版）	69.80
2	59575	SOLIDWORKS® 工程图教程（2018 版）	45.00
3	59601	SOLIDWORKS® 高级教程简编（2018 版）	69.80
4	60193	SOLIDWORKS® 高级装配教程（2018 版）	59.80
5	60401	SOLIDWORKS® 高级零件教程（2018 版）	69.80
6	60637	SOLIDWORKS® Simulation 基础教程（2018 版）	69.80
7	60497	SOLIDWORKS® Simulation 高级教程（2018 版）	49.80
8	60781	SOLIDWORKS® Flow Simulation 教程（2018 版）	59.80
9	60734	SOLIDWORKS® Composer 使用指南（2018 版）	39.80
10	57688	SOLIDWORKS® MBD 与 Inspection 教程（2017 版）	59.80
11	57313	SOLIDWORKS® Simulation Premium 教程（2017 版）	59.80
12	57205	SOLIDWORKS® 电气基础教程（2017 版）	59.80
13	56822	SOLIDWORKS® 电气高级教程（2017 版）	49.80
14	56666	SOLIDWORKS® 高级曲面教程（2017 版）	49.80
15	55004	SOLIDWORKS® Enterprise PDM 管理教程（2016 版）	59.80
16	53937	SOLIDWORKS® PDM 使用教程 (2016 版）	35.00
17	54293	SOLIDWORKS® 模具设计教程（2016 版）	59.80
18	54487	SOLIDWORKS® 高级教程简编（2016 版）	69.80